玩轉太空實驗室

給太空愛好者的有趣科學實驗

新雅‧知識館

玩轉太空實驗室——
給太空愛好者的有趣科學實驗

翻譯：張碧嘉
責任編輯：黃碧玲
美術設計：郭中文
出版：新雅文化事業有限公司
香港英皇道499號北角工業大廈18樓
電話：（852）2138 7998
傳真：（852）2597 4003
網址：http://www.sunya.com.hk
電郵：marketing@sunya.com.hk

發行：香港聯合書刊物流有限公司
香港荃灣德士古道220-248號荃灣工業
中心16樓
電話：（852）2150 2100
傳真：（852）2407 3062
電郵：info@suplogistics.com.hk
版次：二〇二四年七月初版

ISBN:978-962-08-8389-7
Original Title: *Space Activity Lab: Exciting Space Projects For Budding Astronomers*
Copyright © Dorling Kindersley Limited, 2023
A Penguin Random House Company

Traditional Chinese Edition © 2024 Sun Ya Publications (HK) Ltd.
18/F, North Point Industrial Building, 499 King's Road, Hong Kong
Published in Hong Kong SAR, China
Printed in China

For the curious
www.dk.com

玩轉太空實驗室

給太空愛好者的有趣科學實驗

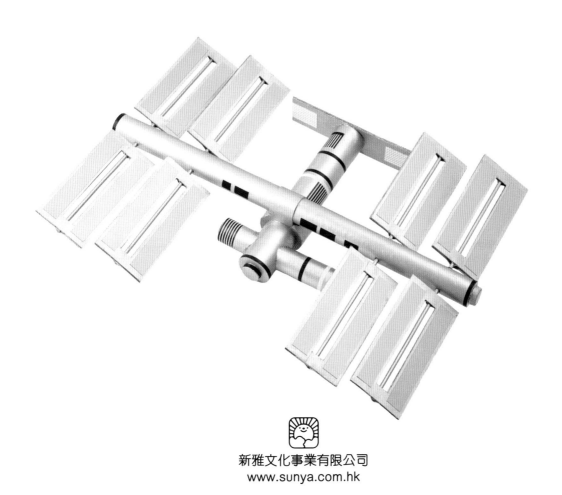

新雅文化事業有限公司
www.sunya.com.hk

目錄

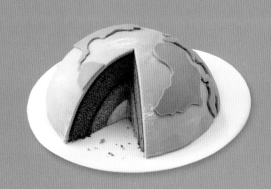

**STEM
小知識**

這個標誌代
表你能認識
活動背後的
延伸資訊。

**太空
小知識**

這個標誌代表你
能認識更多有關
太空和太空探索
的資訊。

警告

這個標誌代表
活動有點危
險。記得請大
人幫忙啊。

關於漿糊

本書中有幾個項目都需要用到
漿糊。我們建議你使用白膠漿
或漿糊筆,但在某些情況下,
如果你有熱熔膠槍,也可以使
用,因為這種膠乾得更快。但
熱熔膠槍一定要由大人使用,
也必須按照說明書的指示。

關於雜亂的場面

其中有些活動可能會
令場面有點雜亂(特
別是製作紙漿時),
所以記得問問大人在
什麼地方進行比較合
適。

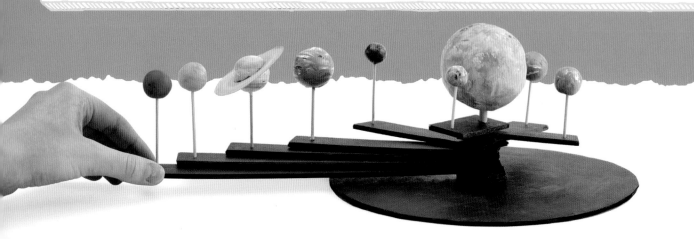

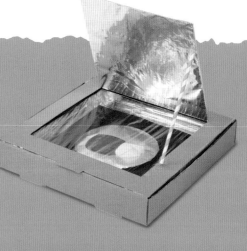

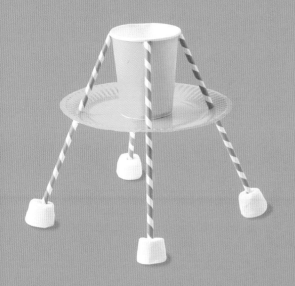

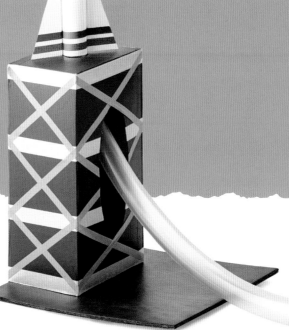

太陽系

　　地球是太陽系八大行星之一，太陽系裏八個行星都是圍繞太陽運行的。在這一章，你可以了解到我們從地球怎樣看到其他星球、星系、星體和星座。你將會學習到關於太陽能的知識，也會認識怎樣預測月相，以及有關運行軌道、重力、日食和月食的原理。你會學習到我們的星球——地球的種種，包括地層，以及從太空墜落到地球上的石頭或隕石。

現在幾點鐘？
太陽時鐘

地球每天自轉時，太陽照射所造成的陰影也會移動。你可以透過陰影來知道時間：先找出自己在太陽下的相應位置，然後在自己的日晷上，標出太陽每小時移動期間，陰影改變的位置。

量度太陽時間

太陽在天空中的位置轉變時，我們可以量度出「地方太陽時間」。日晷記錄了太陽在不同時候照射所得出的陰影，從而推算時間。

日晷上直立的部分稱為晷影器，它會產生陰影。

晷影器的斜度能確保在同樣的本地時間下，陰影會座落在同一位置。

太陽的位置改變，陰影也會隨之移動。

你需要指南針來確保晷影器對準北極或南極。

製作你專屬的 日晷

製作這個簡單的卡紙日晷不用花很多時間，但你要找陽光普照的日子，花半天在日晷上標示時數。隨時間流逝，你就能看見陰影移動，然後可以自行標示日出至日落的陰影位置。

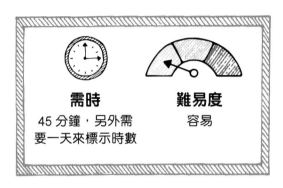

需時
45 分鐘，另外需要一天來標示時數

難易度
容易

實驗工具：

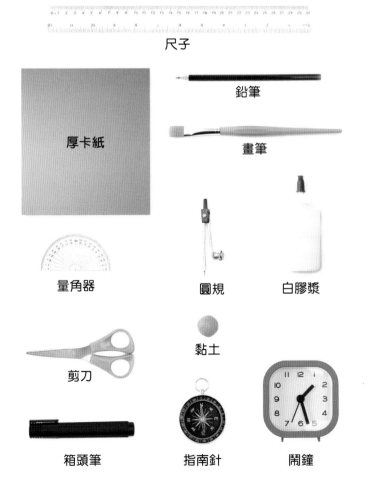

尺子

厚卡紙

鉛筆

畫筆

量角器

圓規

白膠漿

剪刀

黏土

箱頭筆

指南針

鬧鐘

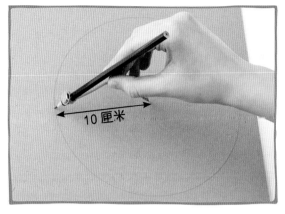

10 厘米

1 首先製作底座。用圓規在厚卡紙上畫出一個半徑 10 厘米的圓圈，把圓圈剪出來，然後再多剪兩個同樣大小的圓圈。

7 厘米

2 在其中一個圓圈裏，用圓規在同一個中心點畫一個半徑7厘米的內圈。

3 先用鉛筆戳一個洞（在卡紙下放黏土，以免戳到手指），將剪刀放進洞中，然後沿着線條將內圈剪走。

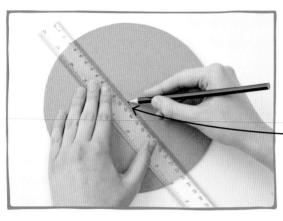

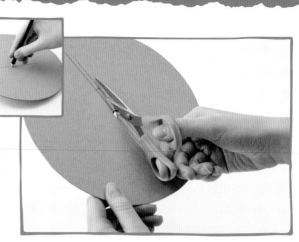

在中線的左右其中一邊畫上平行線，這會是晷影器的位置。

4 在其中一個圓圈畫一條中線。在線上的 4.5 厘米和 13.5 厘米位置畫標記。在兩個標記之間，畫一對相距 2 毫米的平行線。

5 再次用鉛筆和黏土小心地在兩條平行線中戳一個洞，然後剪出一個狹長的孔。

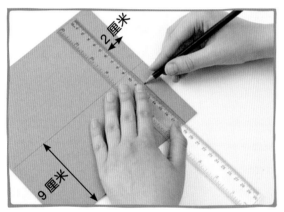

角度視乎你的居住地在地球上的緯度(見下圖)。

6 在一張厚卡紙距離邊緣 9 厘米的位置畫一條橫線，然後畫上一條 2 厘米闊的直線，做出一個紙片。

7 用量角器在紙片的盡頭量好角度，然後畫一條斜線延伸至第一條橫線上。

你在哪裏？

若要產生正確的陰影，晷影器必須指向北極或南極（視乎你的居住地比較接近哪一邊），而晷影器的角度要跟你居住地的緯度一樣。緯度是一個表示地球上位置的指標，即是在赤道以北或以南的地方。請大人幫忙找出你居住地的緯度，然後用那個角度來畫晷影器的斜線。（例：香港約是 22.5度）

太陽光線照射在地球上的角度，會因應你所在的位置而有所不同。

地球的自轉軸心是與太陽傾斜的。

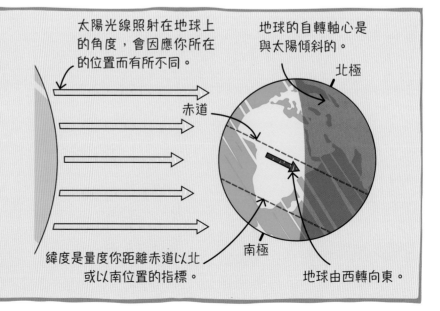

北極

赤道

南極

緯度是量度你距離赤道以北或以南位置的指標。

地球由西轉向東。

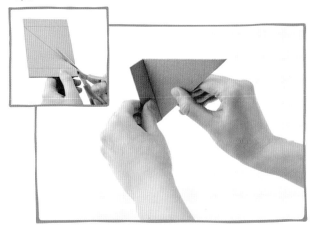

將三角形黏貼起來時，不要將白膠漿塗到小紙片上。

8 在厚卡紙上重複步驟 6 至 7，做兩個三角形，剪下它們，然後把小紙片摺起。

9 在其中一個三角形上塗上白膠漿，然後貼在另一個三角形上，用力壓實它們，直至白膠漿乾透。調整一下小紙片的位置，令兩邊都向外摺疊。

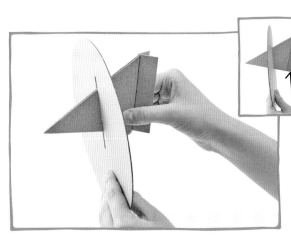

在兩塊小紙片向內那面塗上白膠漿。

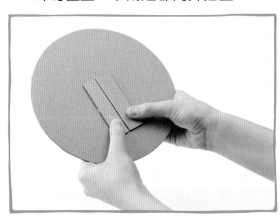

10 小心地將晷影器（黏好的三角形）推進圓圈的長孔中。在小紙片向着圓圈的那面塗上白膠漿。

11 將晷影器推至最入，讓小紙片黏着圓圈，用力壓實至白膠漿乾透。

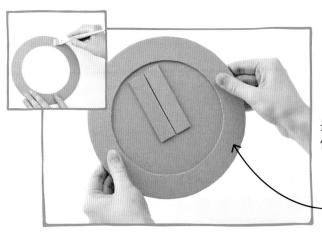

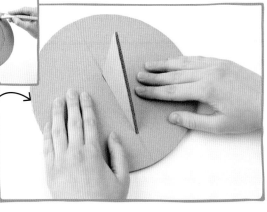

最底的圓形卡紙會封住小紙片，能確保日晷的底部是平的。

紙環會圍着小紙片，跟圓圈的外圈對齊。

12 然後拿起你在步驟 3 剪出的紙環，在其中一面塗上白膠漿，貼在有小紙片的那邊，小心不要弄到晷影器。

13 在紙環上塗白膠漿，把未用的圓形卡紙貼上去，用力按壓頂部至白膠漿乾透，組合就完成。

從底座向上望着暑影器，以暑影器的斜面對準指南針的指針。

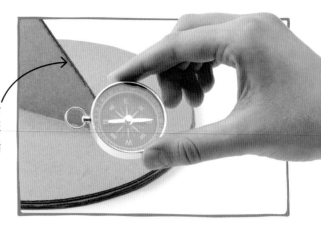

14 找一個陽光普照的日子，日出時將日暑帶到戶外，把它放到太陽一整天都照射到的平面。設定鬧鐘，在每小時的整點響鬧。

15 如果你身處北半球，用指南針將暑影器對準北極；如果你身處南半球，則用指南針將暑影器對準南極（參考第10頁）。

標記產生這影子的時間。

16 第一個小時（如上午6時），在暑影器的影子旁畫下直線。每次鬧鐘響起時重複這個步驟，即每小時記錄一次。到日落（如下午6時），你的底座就會齊集日照時間的標記。

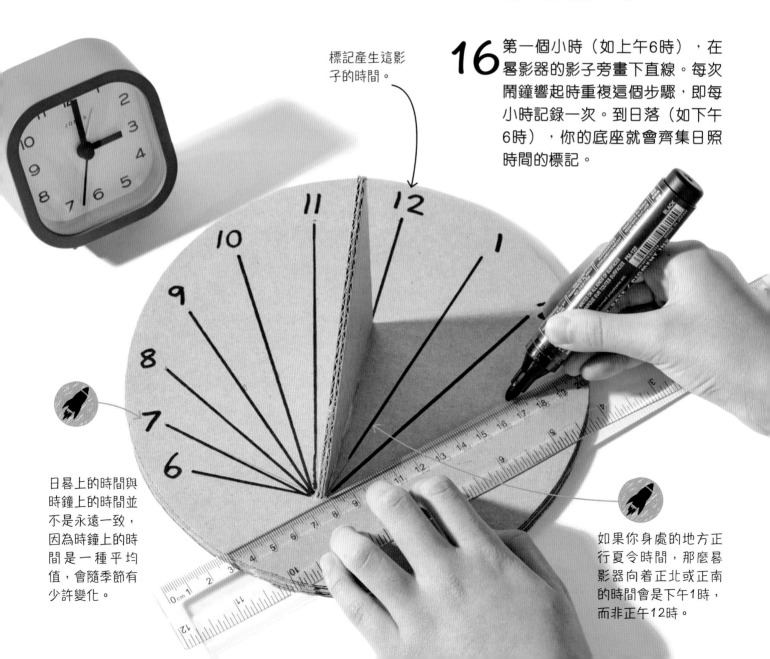

日暑上的時間與時鐘上的時間並不是永遠一致，因為時鐘上的時間是一種平均值，會隨季節有少許變化。

如果你身處的地方正行夏令時間，那麼暑影器向着正北或正南的時間會是下午1時，而非正午12時。

運作原理

由於地球在一天中會由西至東自轉，太陽在空中的位置也會一直改變。太陽照射所產生的影子，一定是在它的對面，而影子的長度和方向亦會隨時間變化。

當太陽在我們頭頂直射下來，影子是較短的；當太陽在天空中的其他位置，它照射我們的角度改變了，所以影子會拉長。你若身處北半球，晷影器要指着北極；若身處南半球，晷影器就要指着南極，你在地球的位置也會影響照射角度，所以晷影器的角度也要跟緯度配合（參考第10頁）。

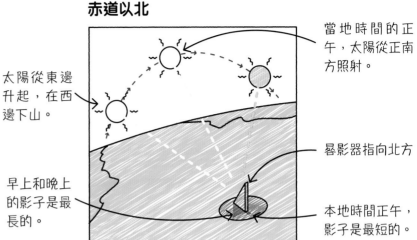

赤道以北

太陽從東邊升起，在西邊下山。

早上和晚上的影子是最長的。

當地時間的正午，太陽從正南方照射。

晷影器指向北方。

本地時間正午，影子是最短的。

赤道以南

當地時間的正午，太陽從正北方照射。

早上和晚上的影子是最長的。

太陽從東邊升起，在西邊下山。

晷影器指向南方。

本地時間正午，影子是最短的。

太空科學
早期的計時器

在大約600年前，機械鐘被發明之前，人類一直以太陽來計算時間。古埃及人在超過5,500年前就以影子來報時。他們豎立起一些方尖碑（石柱）作為巨型晷影器。日晷對於水手、天文學家，以及要知道白天時間的人都非常重要。日晷有許多不同的形狀和大小，大至巨型紀念碑，小至能放進口袋，右圖的正是可以放進口袋的迷你日晷。

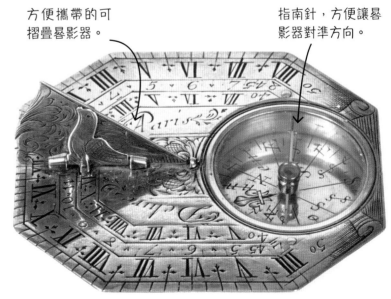

方便攜帶的可摺疊晷影器。

指南針，方便讓晷影器對準方向。

十七世紀的銀製口袋日晷兼指南針

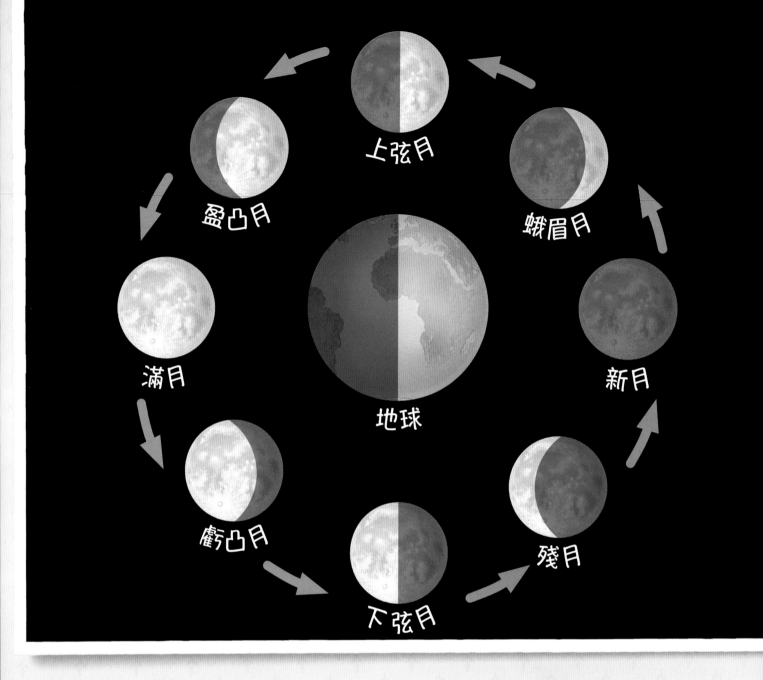

上弦月

蛾眉月

盈凸月

新月

滿月

地球

殘月

虧凸月

下弦月

追蹤月球的變化
月相追蹤儀

月球每晚的形狀都會改變，這稱為「月相」。隨着月球圍繞地球運行，而地球又圍繞太陽運行，太陽照射在月球上的光反射到地球上時，就會有所變化。製作這個月相追蹤儀，就能預計月球的形狀。

月相

雖然月球是夜空中最明亮的星體，但它本身不會發光，只會反射太陽光。每天月球和太陽之間的角度都有變化，月球反射的光量也會不同。因此，月球就會呈現出不同形狀的月相。

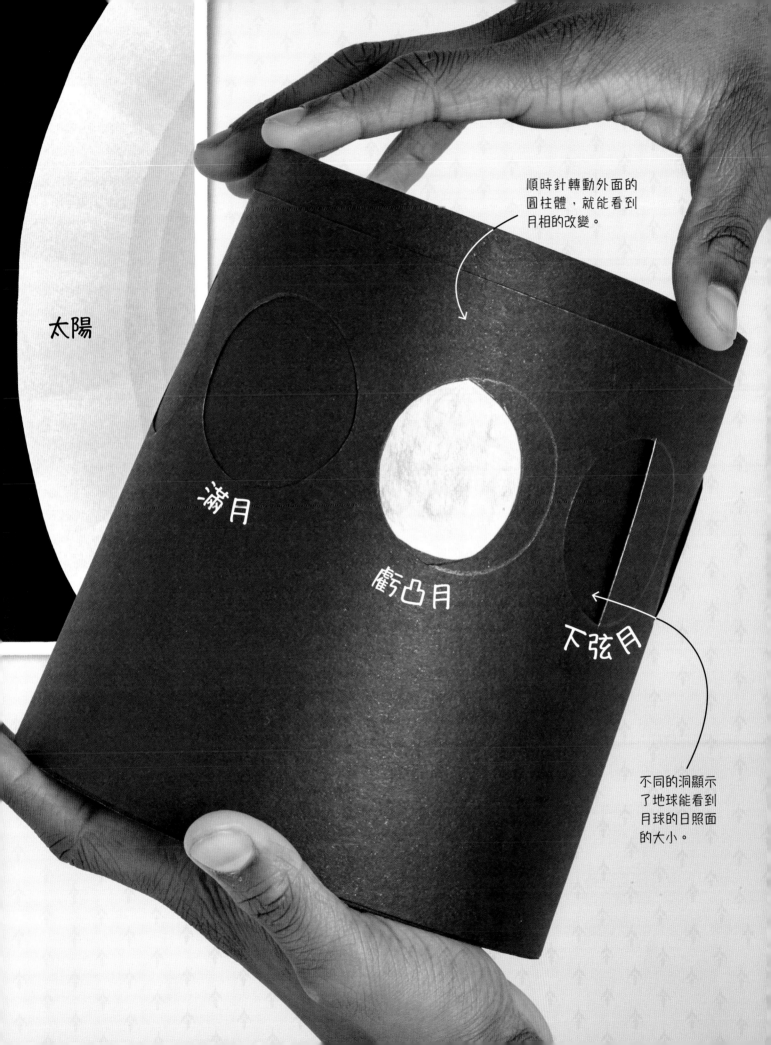

太陽

漸月

虧凸月

下弦月

順時針轉動外面的
圓柱體，就能看到
月相的改變。

不同的洞顯示
了地球能看到
月球的日照面
的大小。

製作你專屬的
月相追蹤儀

　　這個追蹤儀能讓你認識到不同的月相，也能預測月球在每個月的形狀改變。透過兩個圓柱體——一個放裏面，一個放外面，就能看到任何日子夜空中的月球形態。

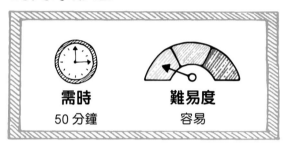

需時
50 分鐘

難易度
容易

實驗工具：

剪刀

顏色筆

黏土　　橡皮膠

膠紙

白膠漿

鉛筆

圓規

白色（或銀色）箱頭筆

尺子

黑色卡紙

白紙

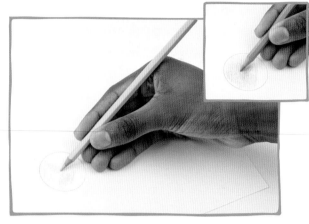

1 在白紙上畫一個半徑 2 厘米的圓形。將這個圓形塗上黃色，加些灰色陰影，讓它看起來像發光的月球，然後把它剪出來。

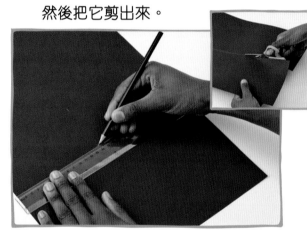

2 在黑色卡紙上畫一個長 42 厘米、闊 15 厘米的長方形，然後剪出來。

3 將月球黏貼在黑色紙條的中間，距離紙條頂部 3 厘米。

5 現在看起來就是一個圓柱體，月球向外。

滿月時，太陽會照亮月球向着地球的完整一面。

4 將紙條捲起來，月球要在外面。讓兩條短邊稍稍重疊，用膠紙貼在一起。

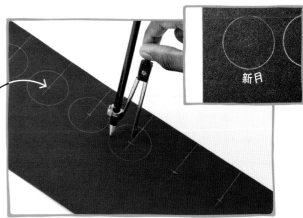

將圓規的中心點放在各個標記上，這樣八個圓形就能維持在同一水平。

將長邊的長度除以8，就知道要在哪裏畫線。

6 剪下另一張長 42 厘米、闊 14 厘米的黑紙。在紙條的長邊，平均用鉛筆畫八條線。然後，在每條線上距離長邊 4 厘米的位置畫上標記。

7 在八個標記的位置畫八個直徑 2 厘米的圓形，然後將之前的直線擦去。用白色箱頭筆，在最左面的圓形下寫上「新月」。

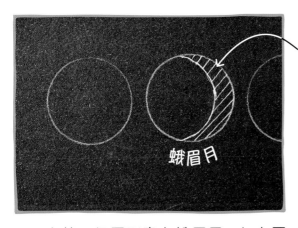

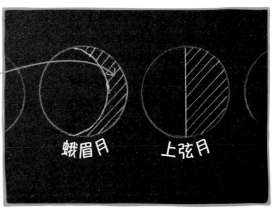

畫上斜線能提示待會要剪下哪部分。

當月球的日照面積愈來愈大，就稱「漸滿」或「盈月」。

8 在第二個圓形畫上蛾眉月，如上圖所示。在面積較小的那邊畫上斜線，稍後會剪掉這個部分。在圓形下面寫「蛾眉月」。

9 在第三個圓形畫一條直線穿過圓心，然後在右邊畫上斜線。在圓形下面寫「上弦月」。

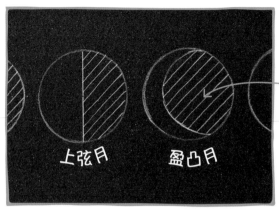

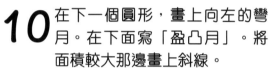

凸月是介乎弦月和滿月之間的月相。

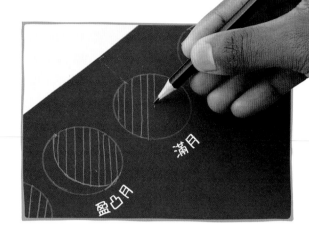

10 在下一個圓形，畫上向左的彎月。在下面寫「盈凸月」。將面積較大那邊畫上斜線。

11 將下一個圓形命名為「滿月」，然後將全個圓形以斜線填滿。你之後需要剪出整個圓形。

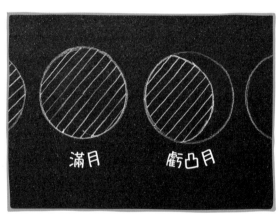

當月球的日照面積越來越小，就稱「虧月」或「殘月」。

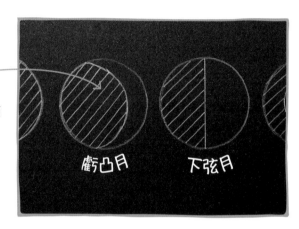

12 在下一個圓形畫上向右的彎月，然後在左面填滿斜線。在下面寫「虧凸月」。

13 在下一個圓形畫一條穿過圓心的直線，在左面畫上斜線。在下面寫「下弦月」。

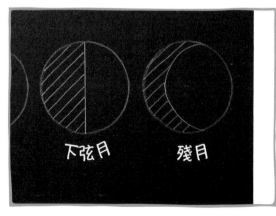

在卡紙背後擺放泥膠，令鉛筆筆尖不會戳到自己或其他地方。

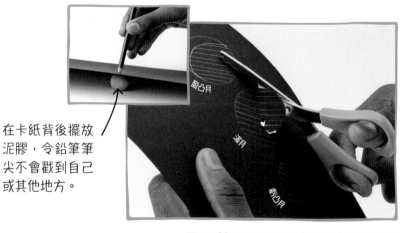

14 在最後一個圓形畫上向左的彎月，並將左面以斜線填滿。在下面寫「殘月」。

15 用鉛筆輕輕戳穿每個畫了斜線的區域，方便用剪刀剪下斜線區域。

月球圍繞地球一圈，需時27天8小時。

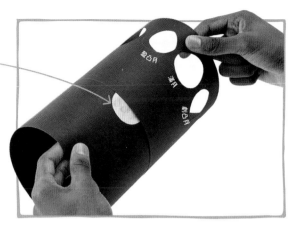

16 將卡紙捲成圓柱狀，然後將短邊的頭尾貼起來。兩條短邊剛剛碰到就好，不要重疊，好讓它能套住第一個圓柱。

17 將第二個圓柱套在第一個圓柱的外面，然後將「滿月」的洞口對準內圓柱上有顏色的月球。

追隨月球

想知道月球如何反射太陽的光，可以在一間黑暗的房間試試這個實驗。你需要一盞燈，以及在一枝鉛筆插上白色黏土球。黏土球是月球，燈是太陽，你是地球。

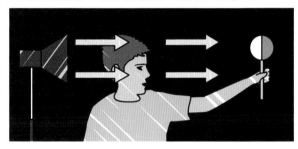

1 將黏土球放在你面前，讓燈直照它。你能看到「太陽」照亮整個「月球」。

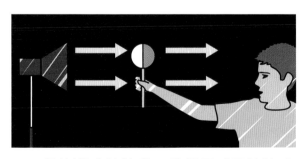

2 然後逆時針轉動，模擬月球圍繞地球運行。觀察「月球」的不同區域被「太陽」照亮，而呈現不同形狀。

18 在一個天清無雲的晚上，觀察夜空中月球的形狀。轉動外圓柱，讓內圓柱的月球對着同樣形狀的洞口。閱讀下方的名字，就能知道這是什麼月相。

逆時針閱讀這個追蹤儀，就能知道下一晚將會出現的月相了。

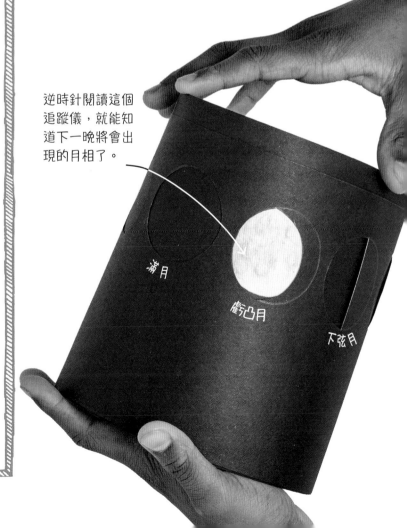

滿月

虧凸月

下弦月

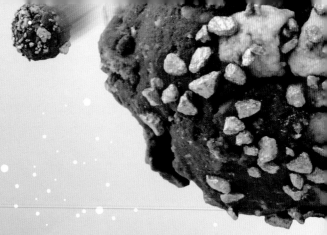

美味的太空石頭
一口隕石

　　在太空中，物質相撞時釋放的能量會轉化成熱能，會將物質熔化並融合，形成稱為流星體的太空石頭。在這個活動中，你將會用熱能來熔化巧克力和其他甜點，製作你的「一口隕石」。當然，真正的太空石頭是不能吃的，但巧克力隕石會很美味呢！

隕石是什麼？

當一些塵埃或太空碎石高速進入地球的大氣層，就會發出熱能並留下一道光的痕跡，稱為流星（見第156頁）。若這顆石能穿過大氣層，落到地球表面，就稱為隕石。

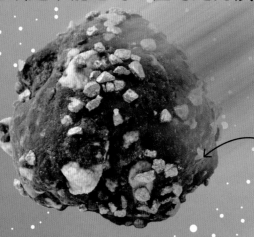

要用許多不同材料製作，因為隕石也是由各種各樣的物質所組成。

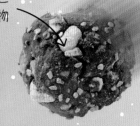

隕石穿過大氣層時會經過高溫燃燒，所以「一口隕石」跟真隕石一樣，外表都是深色的。

製作你專屬的 一口隕石

這道甜點不需要烹煮，只需要將材料放在注滿熱水的鍋上加熱熔化。別忘了處理食物前後都要洗手啊。

1 將消化餅放進密實袋封好。用榟麵棍輕輕將餅壓碎。

需時
30 分鐘，另加冷卻時間

難易度
容易

警告
請大人幫忙處理沸水

實驗工具：

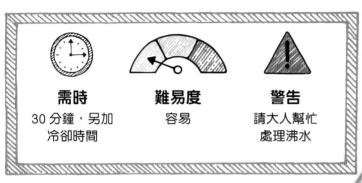

- 焗盤
- 烘焙牛油紙
- 湯匙
- 中型平底鍋，注滿半鍋沸水
- 耐熱碗（大）
- 黑色食用色素
- 木匙
- 淺碗（小）
- 榟麵杖
- 密實膠袋

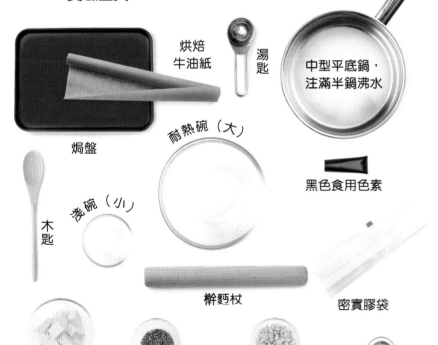

2 在鍋中注滿半鍋沸水，然後將耐熱碗放在上面。將牛油和巧克力放在碗中，然後加入黃金糖漿。

牛油 120 克，切塊　　啡色彩針糖 20 克　　蜂巢碎片 70 克　　金黃糖漿 3 湯匙

巧克力塊 250 克　　牛奶軟糖塊 70 克　　消化餅 250 克　　迷你棉花糖 75 克

3 輕輕攪拌各種材料，直至全部材料在沸水上熔化。

分開逐次加入
食用色素。

行星和太空石頭也
是由一大堆不同的
物料所組成的。

4 請大人幫忙將碗移離鍋口,小心被
灼傷。加入黑色食用色素,然後攪
拌混合物至深啡色。

5 碗中的材料變得深色和黏糊糊時,
可以加入餅碎,再用木匙攪拌。

如不想用棉花糖,
可以隨你喜歡,加
入同等分量的其他
材料,例如:堅果
或果乾。

6 加入迷你棉花糖,將所有材料都均
勻地攪拌。

7 加入牛奶軟糖塊和蜂巢碎片,然後
攪拌均勻。

真正隕石是由許
多不同的礦物和
元素組成,如鎳
和鐵。

8 最後,加入一半的啡色彩針糖(餘
下一半留到步驟 10 使用),然後
最後再攪拌一下。

9 取出約一個哥爾夫球般的分量,然
後用手搓成球狀。用盡所有材料重
複這個步驟。

10 將餘下的啡色彩針糖放進淺碗裏，然後將每個隕石球放進去滾幾圈。

烘焙牛油紙能防止隕石球黏住烤盤。

11 在烤盤上放上烘焙牛油紙，然後小心地放上隕石球。

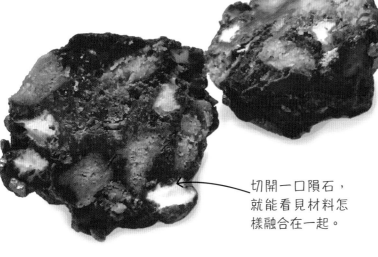

切開一口隕石，就能看見材料怎樣融合在一起。

12 將烤盤放進雪櫃裏，靜待最少一小時，然後你就可以吃掉它們，嘗嘗「太空」的滋味！

太空科學
球粒隕石

隕石有不同種類，但球粒隕石是最古老和最有趣的。跟我們製作的甜點很相似，球粒隕石也是一大堆黏在一起的碎片。不過這些碎片跟甜品材料不同的是，它們是石頭和塵的碎粒，自太陽系在46億年前出現以來都沒有改變過。

當許多小顆粒撞在一起形成球粒隕石，有些礦物會熔化並黏在一起，有些則會維持固態。

以太陽能煮食
太陽能焗爐

太陽是地球最重要的能源。製作這個太陽能焗爐，就能看看太陽能會怎樣熔掉不同的食物。

太陽能

太陽就像一台永不停止的機器，每天抵達地球表面的太陽能，足夠我們使用27年呢！太陽能將從太陽而來的能源轉化為熱力和電力，太陽能煮食爐的運作原理，就是透過太陽的射線來加熱食物表面。

太陽輻射照射到鋁箔上，然後反射到食物上。

保鮮膜將熱力困在盒內，就像溫室的玻璃那樣。

將食物放在啞光黑色的背景中，能加快加熱過程

製作你專屬的
太陽能焗爐

　　這個由薄餅盒製作而成的太陽能焗爐，配合太陽的能源，就能「煮食」了，但要留意──別餓着肚子來做啊，因為烤焗需時呢。

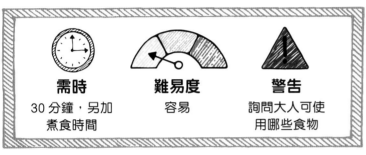		
需時	**難易度**	**警告**
30 分鐘，另加煮食時間	容易	詢問大人可使用哪些食物

實驗工具：

啞光黑色卡紙

乾淨的薄餅盒

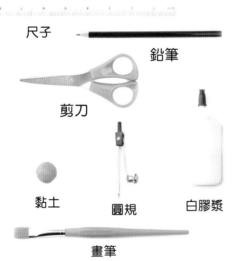

尺子

鉛筆

剪刀

黏土

圓規

白膠漿

畫筆

鋁箔

保鮮膜

飲管

膠紙

食物，例如巧克力和棉花糖

1 製作爐蓋。先在薄餅盒蓋畫一個正方形，四邊與盒蓋邊界相距 4 厘米。

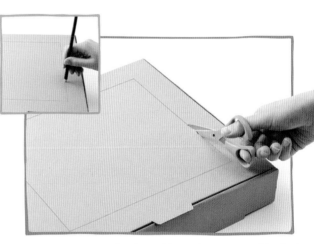

2 在正方形其中一條線上，用鉛筆戳穿一個小洞，好讓剪刀可以放進去，然後沿線剪開其中三邊，留一邊作鉸位。

3 將正方形向上屈曲，摺出鉸位。可以用拇指（或尺子）壓在線上，形成摺痕。

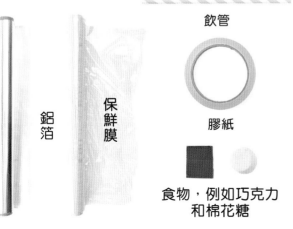

鋁箔能將太陽
光反射到「焗
爐」裏。

4 將正方形向後屈曲，直至爐蓋能完全打開。在鉸位來回屈曲，令摺痕更深。

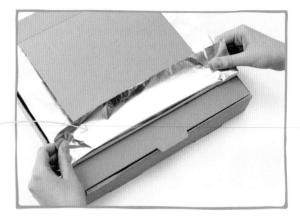

5 剪出一塊跟薄餅盒差不多大的鋁箔，然後放在爐蓋下，反光的一面向爐內。

太陽光穿過保
鮮膜，熱力會
被鎖在太陽能
焗爐中。

6 多出的鋁箔向後摺到爐蓋的頂部，然後用膠紙固定。

7 剪出一塊跟薄餅盒差不多大的保鮮膜。揭開整個薄餅盒蓋，將保鮮膜四邊都貼在盒蓋上。

將步驟8摺起
的那邊，對齊
爐蓋的開口。

8 剪出四條鋁箔，每條長度大約等如薄餅盒的一邊，闊度約 15 厘米。在每條鋁箔的長邊摺一下。

9 在保鮮膜上和盒蓋內塗上白膠漿。將剛才剪下的鋁箔條貼在爐蓋的四邊，將多出的鋁箔剪掉。

黑色能吸熱，可以鎖住焗爐裏的太陽熱能。

10 將薄餅盒內部其餘部分都塗上白膠漿，然後貼鋁箔。

11 剪出一個黑色正方形，每邊比薄餅盒邊短 2 厘米。將黑紙貼在薄餅盒內的底部，貼在鋁箔上。

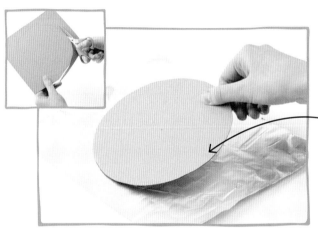

可用圓規畫半徑 8 厘米的圓，或找一個碟子作模。

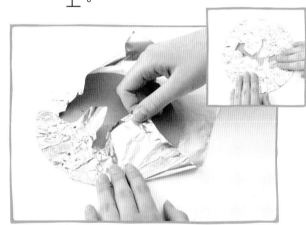

12 在卡紙上畫一個直徑 16 厘米的圓形，然後剪出來。將圓形放在比它稍大的鋁箔啞光面上。

13 將鋁箔摺起並包着圓形卡紙，壓平鋁箔，用膠紙固定好。

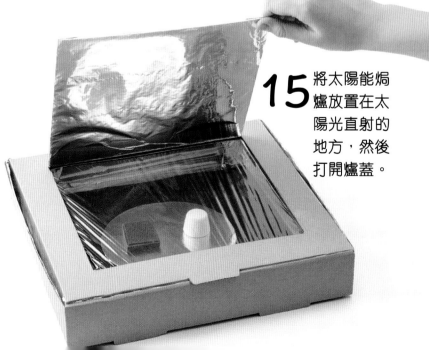

15 將太陽能焗爐放置在太陽光直射的地方，然後打開爐蓋。

14 將圓形鋁箔放到黑色部分中間。洗手後，將食物放上圓形鋁箔上，然後蓋上薄餅盒蓋。

16 將飲管的一端貼在薄餅盒，另一端貼在爐蓋上作支撐。要多久才能使食物熔化呢？

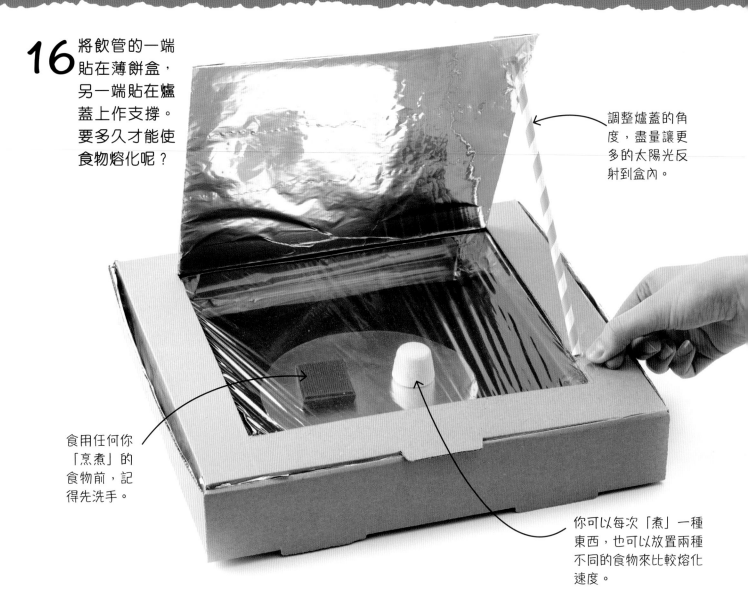

調整爐蓋的角度，盡量讓更多的太陽光反射到盒內。

食用任何你「烹煮」的食物前，記得先洗手。

你可以每次「煮」一種東西，也可以放置兩種不同的食物來比較熔化速度。

運作原理

太陽能焗爐的運作，是以太陽光的能量（以及看不見的紅外線熱射線）來加熱焗爐裏面，熱能會轉移到食物上。傾斜的爐蓋能將額外的陽光反射進盒內，更有效地利用能源。同時，黑色的底盤也能吸收能量，幫助加熱；而保鮮膜蓋會將這些有用的熱力鎖在太陽能焗爐裏。

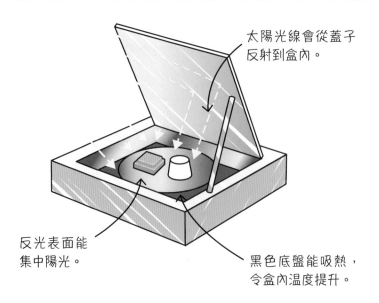

太陽光線會從蓋子反射到盒內。

反光表面能集中陽光。

黑色底盤能吸熱，令盒內溫度提升。

太陽的能量

太陽每秒都向着四面八方湧流出大量的光和熱。只有很小部分會落到地球上，因為地球與太陽相距約1億5,000萬公里，你已能想像太陽本身有多熱！事實上，它表面的溫度大約有攝氏5,500度，而其核心的溫度大約是攝氏1,500萬度。在這樣的溫度下，再加上極大壓力，使太陽核心裏一些稱為氫核的微小粒子發生碰撞，並黏在一起，釋出能量。這稱為核融合，是所有星體的能量來源，雖然這是在太陽核心發生，但這燃料也足以讓太陽的光照耀幾億年了。

太陽的核心就像一個持續提供能量的巨大熔爐。

光線由核心發出，但會在密度很高的輻射層反射。

光和熱會流出到太空。

太陽表面會出現一些環形氣體，稱為日珥。

核心光線到達太陽表面（稱為光球）需時長達100萬年。

能量在一個密度較低的區域加熱熱氣體，並向太陽表面上升，這個區域稱為對流區。

太空科學
善用太陽

太陽能焗爐是一個節約能源、減少使用昂貴又污染環境的燃料的好方法。在某些陽光充足的國家，他們會運用同樣原理來興建潔淨能源發電廠，例如圖中位於以色列的發電廠。發電廠透過許多巨大的鏡環（正如你的太陽能焗爐裏的反光面），將陽光反射到中央的「能源塔」，在那裏將水燒開至蒸汽。蒸汽會推動發電機，從而發電。

繪製行星圖
3D立體太陽系

太陽位於太陽系中央，太陽系中還有另外八大行星。每個行星，包括地球，都以自己的特別路徑（又稱軌道）來圍繞太陽運行。大家製作這個太陽系儀，就能呈現出壯觀的太陽系。

太陽是個巨型火球，其中充滿高溫且帶電的氣體，稱為等離子體。

地球是太陽系裏唯一表面有液態水和生命的行星。

水星是最小、最接近太陽，且移動得最快的行星。

金星是行星中表面溫度最高的，因為它的大氣層會鎖住太陽熱力。

海王星是最遠的
行星,是藍色的
冰巨行星,表面
風速很高,亦有
暗色風暴。

火星是個乾燥、
寒冷和充滿沙塵
的行星,大小約
有地球的一半。

木星是一個巨大的
氣體星球,被色彩
斑斕的雲帶包裹
着,其中有一個巨
大的橢圓風暴,稱
為大紅斑。

土星是個巨型氣體
行星,圍繞着它的
是一系列漂亮的
環,這些環是由無
數石塊和冰塊所組
成的。

天王星由融冰組成,
它圍繞太陽運行時,
是斜向一邊,幾乎平
躺在軌道上的。

什麼是太陽系儀?

太陽系的立體模型,又稱為太陽系儀。
科學家在數百年前已經會製作它,用來
幫助了解行星的軌迹,以及它們的位置
如何改變。

製作你專屬的
太陽系儀

　　這個太陽系儀的卡紙底座和卡紙長臂都是特厚的，以確保堅固程度。行星是由黏土造的，太陽則需要在裏面放一個乒乓球，令它可以輕一點。

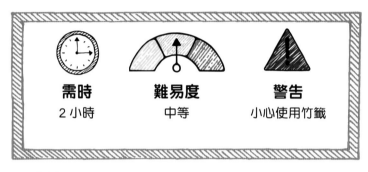

需時	難易度	警告
2 小時	中等	小心使用竹籤

實驗工具：

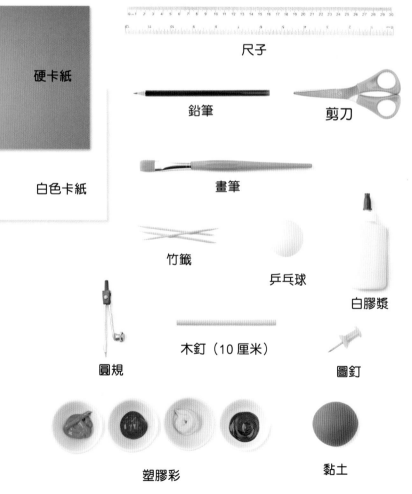

硬卡紙

白色卡紙

尺子

鉛筆

剪刀

畫筆

竹籤

乒乓球

白膠漿

木釘（10 厘米）

圓規

圖釘

塑膠彩

黏土

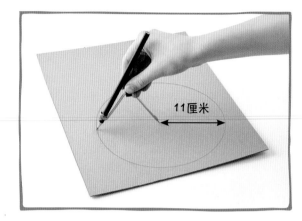

11厘米

1 製作底座。將圓規半徑設為 11 厘米，然後在硬卡紙上畫兩個圓形。

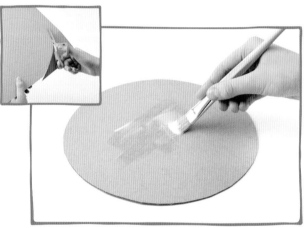

2 將兩個圓形剪出，然後在其中一邊塗上白膠漿，把它們貼在一起，讓它風乾。底座會更厚和堅固。

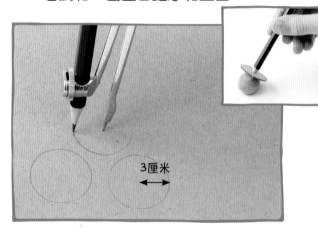

3厘米

3 畫三個半徑 3 厘米的小圓形，然後剪出來。用鉛筆在每個圓形的中心點上戳一個洞（在卡紙下放一塊黏土，以策安全）。

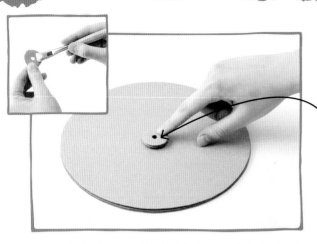

對齊小洞，逐個圓形貼上。

4 在每個小圓形的其中一面塗上白膠漿，然後將它們一個個疊起來，貼在底座中心。

5 待白膠漿乾透後，將整個底座塗成黑色。放在一旁風乾。若上色不均勻，可以再塗一層顏料。

把太陽搓成跟網球差不多的大小，直徑約6.5厘米。

使用乒乓球製作太陽，會比只用黏土輕。

6 開始製作太陽。用黏土包裹乒乓球，要完全覆蓋，然後搓圓。

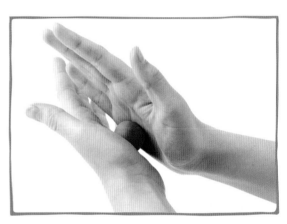

7 然後開始製作行星。首先，將一塊黏土搓成高爾夫球大小（約4厘米）的球體，這是最大的行星——木星。

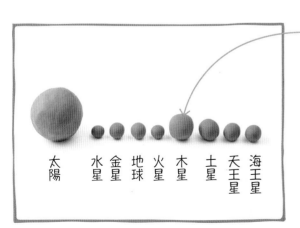

太陽　水星　金星　地球　火星　木星　土星　天王星　海王星

木星是最大的行星，相當於1,300個地球。

8 之後製作以下球體：一個是乒乓球大小（土星）；兩個是葡萄大小（天王星和海王星）；兩個是彈珠大小（金星和地球）；一個比彈珠小一點（火星），以及一個更小的（水星）。

9 小心地將竹籤插進黏土球。

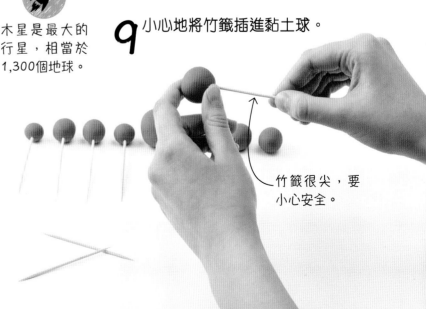

竹籤很尖，要小心安全。

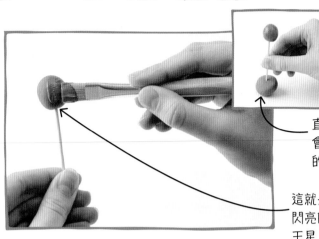

直立擺放就不會弄污已上色的行星。

這就是冰冷、閃亮的藍色海王星。

10 為每個行星塗上相應的顏色（見第 30 至 31 頁）。將竹籤另一端插在備用的黏土上，讓行星風乾。

11 用三枝竹籤來支撐太陽，為它上色。可以用黃色、橙色、紅色等讓人聯想到灼熱的顏色！

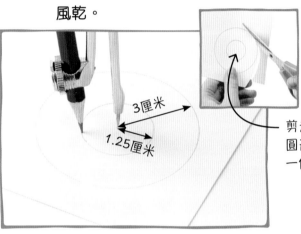

3厘米
1.25厘米

剪走中間的圓形，就是一個環。

12 製作土星環：在白色卡紙上畫兩個圓形，外面的半徑 3 厘米，裏面的半徑 1.25 厘米。然後把圓形剪出來。

土星環由許多圍繞土星運行的冰塊所組成。

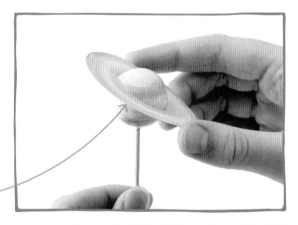

13 為土星環的兩面上色，可用淡黃色、淡啡色和灰色來打圈塗色。然後將土星環打斜套在黏土球上。

這些紙條就是太陽系儀的「臂」，負責將行星固定在適當位置。

14 剪下八條 3 厘米闊的長紙條，長度分別是：28 厘米、24 厘米、21 厘米、16 厘米、13 厘米、11 厘米、9 厘米及 7 厘米。

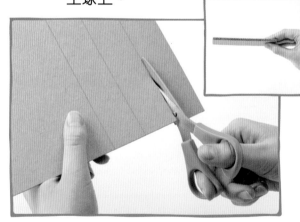

15 將紙條剪下來，然後再剪多一套八條同樣大小的紙條。將每兩條同樣的紙條用白膠漿貼起來，形成加厚效果，待風乾。

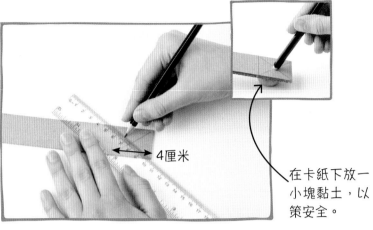

4厘米

在卡紙下放一
小塊黏土，以
策安全。

16 在每條紙條的一端畫一個4厘米的區域。在這裏畫兩條對角斜線，找出中心點。用鉛筆在中心點戳一個洞。

17 在紙條的兩邊都塗上黑色顏料，然後風乾。如果顏色不夠深，可以塗第二層顏料。

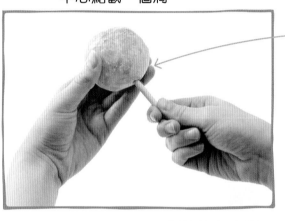

太陽體積非常龐大，約等於130萬個地球。

18 將木釘小心地推進黏土太陽。調整角度以確保木釘在中心位置，使木釘直立時，太陽的重量能平均分布。

19 將木釘穿過黑色紙條的洞口。將八條紙條由短至長，逐一穿入。

如有些紙條太緊，請多轉動數次，令它能順暢活動。

20 將所有紙條滑進木釘後，確保最後一條是最長的。然後檢查紙條是否可以在木釘上輕鬆轉動。

21 用畫筆在底座中間的洞裏塗上白膠漿，預備放進木釘。

太陽的重力橫跨整個太陽系，令行星在各自的軌道上圍繞着它運轉。

22 將木釘插進洞中，確保它是直立的（如有需要可用工具支撐）。讓它風乾。

23 用圖釘在每個紙條的外端大約1.5 厘米處戳個小洞，在紙條下放置黏土，以免戳到手指。

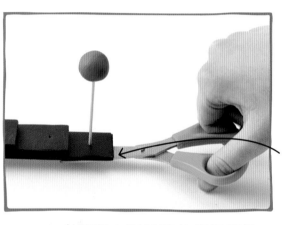

調整每條竹籤的長度，令所有行星的高度一致。

請大人幫忙剪走竹籤尖端。

24 由距離太陽最遠的行星開始。小心地將海王星的竹籤插進最長的紙條的小洞中，並剪走紙條下的竹籤尖端。

25 繼續加入其他行星，並剪走紙條下的竹籤尖端。之後，將紙條移到同一旁對齊，確保各行星的高度一致。

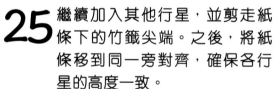

距離太陽越遠的行星，在軌道上運行的速度便越慢。

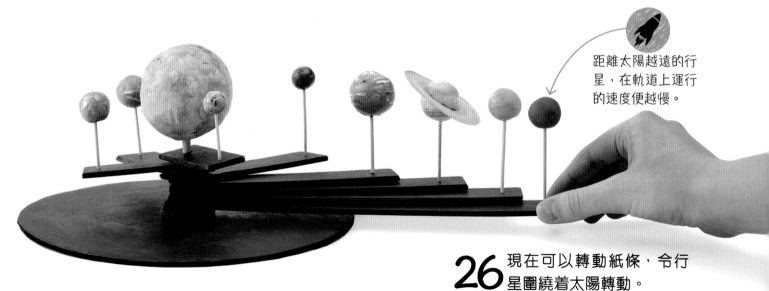

26 現在可以轉動紙條，令行星圍繞着太陽轉動。

太陽系

內行星（水星、金星、地球和火星）距離太陽較近，星球主要由岩石組成。火星周圍有個小行星帶，是一個由太空石頭組成的環形區域。

外行星（木星、土星、天王星和海王星）主要由氣體和冰組成。

下圖顯示了各行星與地球大小的比例，以及每個行星圍繞太陽一周需要多久（以地球年份計算）。

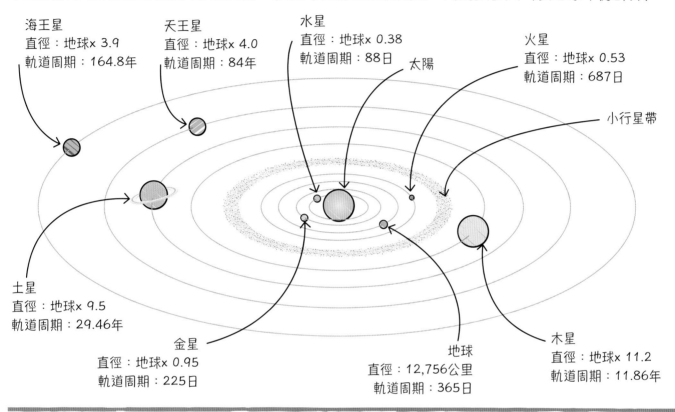

海王星
直徑：地球x 3.9
軌道周期：164.8年

天王星
直徑：地球x 4.0
軌道周期：84年

水星
直徑：地球x 0.38
軌道周期：88日

太陽

火星
直徑：地球x 0.53
軌道周期：687日

小行星帶

土星
直徑：地球x 9.5
軌道周期：29.46年

金星
直徑：地球x 0.95
軌道周期：225日

地球
直徑：12,756公里
軌道周期：365日

木星
直徑：地球x 11.2
軌道周期：11.86年

太空科學

太陽系模型

在超過2,000年前的古希臘，人們就首次製作立體模型來顯示行星的移動，但最早的太陽系儀則出現於1700年代初。那時天文學家已發現太陽才是太陽系的中心，而非地球。這些模型，例如這個1781年之前的古董太陽系儀，通常內置發條裝置，令行星可以在正確的相對速度在軌道上運行。

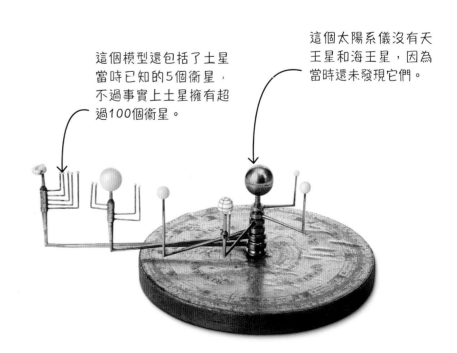

這個模型還包括了土星當時已知的5個衛星，不過事實上土星擁有超過100個衛星。

這個太陽系儀沒有天王星和海王星，因為當時還未發現它們。

捕捉光線
針孔相機

直視太陽是很危險的！即使透過望遠鏡或天文望遠鏡去看也不安全。那麼，怎樣才可以用不傷害眼睛的方法來觀察太陽？答案就是製作一個針孔相機，這個針孔相機可以投射出讓你能安全觀察的太陽影像。

將相機向着太陽，便可以在這個熒幕上看見太陽上下倒轉的影像。

盒子要封好，內外塗黑，確保光線不會從其他位置進入盒中或在盒中反射。

你會看見什麼？

針孔相機是一個傑出又安全的方法，讓你可以觀看太陽活動，如日食——這是個罕見現象，當月球阻擋了太陽部分或所有光線，就形成日食（見第41頁）。我們也可以透過針孔相機看太陽黑子，即太陽表面一些冷氣體所形成的深色區域，其大小可以相等於一個行星。

製作你專屬的
針孔相機

　　這個活動會運用一個鞋盒來阻擋光線，然後透過一邊的釘孔，讓光透進來，投射在鞋盒另一面的熒幕上。

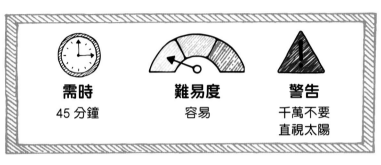

需時
45 分鐘

難易度
容易

警告
千萬不要
直視太陽

實驗工具：

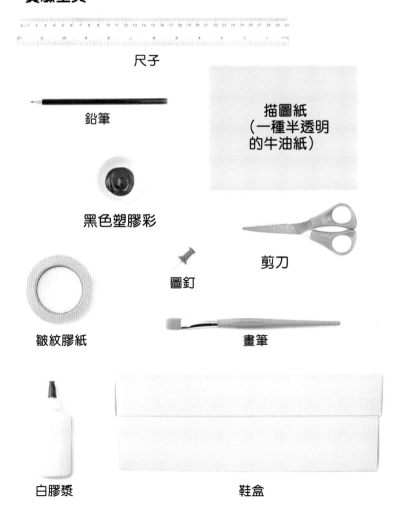

尺子

鉛筆

描圖紙
（一種半透明
的牛油紙）

黑色塑膠彩

剪刀

圖釘

皺紋膠紙

畫筆

白膠漿

鞋盒

1 拿起鞋盒蓋，在四個角剪一刀，令蓋子可以壓平。然後剪走四邊的紙條，只留下中間的大長方形。

2 將鞋盒放在蓋子的長方形上，沿着盒底畫線，然後沿線剪裁，令蓋子跟盒子的大小一致。

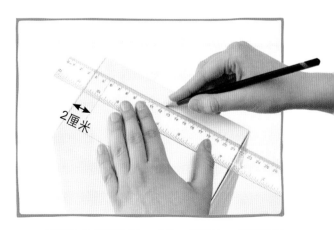

2 厘米

3 在鞋盒短邊的一側，畫出一個與四邊距離 2 厘米的長方形。

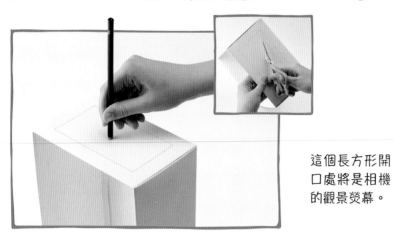

4 用鉛筆在長方形中戳一個洞，然後放進剪刀，把長方形剪掉。

這個長方形開口處將是相機的觀景熒幕。

5 將開口處周圍塗上黑色，然後將整個鞋盒內部及蓋子的其中一面也塗黑。等它風乾。

6 製作熒幕，首先把描圖紙蓋在長方形開口處上，每邊加 1.5 厘米畫一個長方形。畫好後，就把它剪出來。

7 在描圖紙的四邊塗上白膠漿，然後將它貼在鞋盒內側的長方形開口位置。按壓至膠水乾透。

8 用皺紋膠紙將盒蓋封好，黑色的那一面向內，留意不要留下任何空隙讓光線透進。將盒子外面也塗黑。

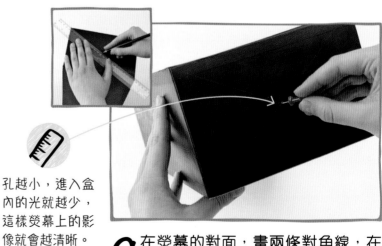

孔越小，進入盒內的光就越少，這樣熒幕上的影像就會越清晰。

9 在熒幕的對面，畫兩條對角線，在對角線的交叉點，用圖釘戳一個孔。

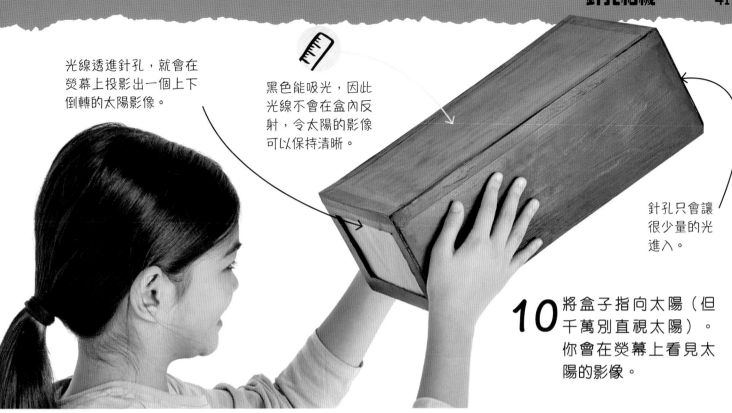

光線透進針孔，就會在熒幕上投影出一個上下倒轉的太陽影像。

黑色能吸光，因此光線不會在盒內反射，令太陽的影像可以保持清晰。

針孔只會讓很少量的光進入。

10 將盒子指向太陽（但千萬別直視太陽）。你會在熒幕上看見太陽的影像。

運作原理

針孔相機的前面會阻隔大部分太陽光線，只有透進小孔的光線能進去。一旦進入相機內部，這些光線就會再次展開，在熒幕上形成影像。由於光線在針孔裏交叉相疊，所以熒幕上的影像是上下顛倒的。

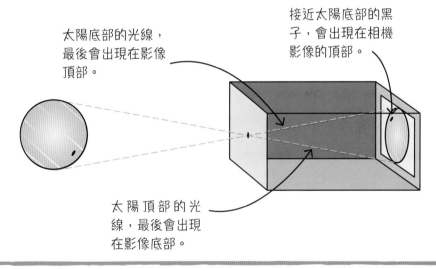

太陽底部的光線，最後會出現在影像頂部。

接近太陽底部的黑子，會出現在相機影像的頂部。

太陽頂部的光線，最後會出現在影像底部。

太空科學
日食或月食是什麼？

日食是指當月球運行至太陽和地球中間，從地球表面看來，月球的影子阻擋了太陽部分或全部的光線。只有在地球、月球、太陽排成一線時，日食才會發生。而月食也有機會出現（見第152至153頁）。

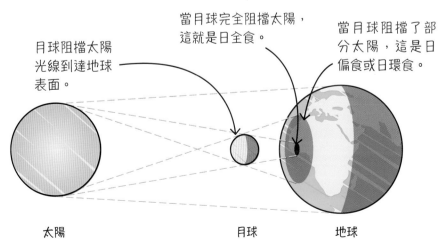

月球阻擋太陽光線到達地球表面。

當月球完全阻擋太陽，這就是日全食。

當月球阻擋了部分太陽，這是日偏食或日環食。

太陽　　　月球　　地球

彈多遠？走多久？
重力實驗

　　重力就是令我們能留在地面，以及讓地球圍繞太陽運行的力。但它是怎樣運作的？大家來製作這個彈弓，就可以進行重力實驗，看看它對不同質量的物體有什麼影響。

什麼是重力？

重力是物體之間的吸引力。物體的質量越大（裏面含越多物質），而且靠得越近，引力就越大。重力對具質量的物體的吸引作用，就是我們經常聽到的「重量」。

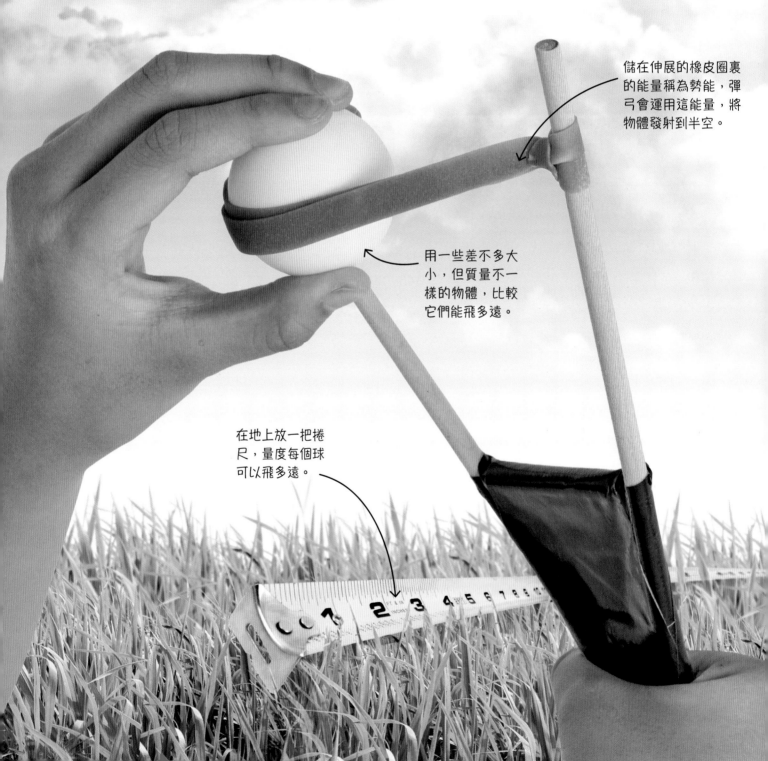

儲在伸展的橡皮圈裏的能量稱為勢能，彈弓會運用這能量，將物體發射到半空。

用一些差不多大小，但質量不一樣的物體，比較它們能飛多遠。

在地上放一把捲尺，量度每個球可以飛多遠。

製作你專屬的 彈弓

　　製作這把簡易彈弓，就可以用來做實驗，測試相同大小但不同質量的球。事前請問問大人該在哪些安全地方進行實驗，因為這些球會飛得比想像中遠呢！

🕐	📊	⚠️
需時	**難易度**	**警告**
30 分鐘	容易	問問大人在什麼地方可以安全地做實驗

實驗工具：

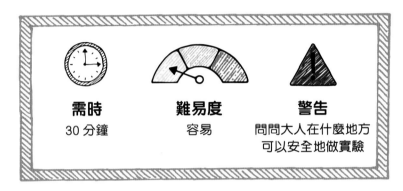

尺子

鉛筆

木釘（5 厘米）

布膠帶

電子磅

兩枝木釘（25 厘米）

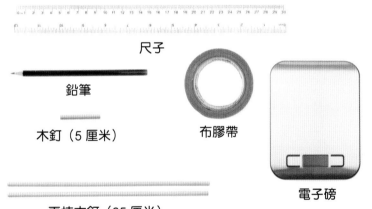

捲尺

幾個相同大小但質量不同的球

筆記本

長橡皮圈

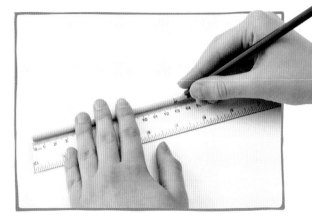

1 在兩條長木釘約 13 厘米的位置畫標記。

2 剪下一條長 18 厘米的布膠帶，將黏貼的那面向上，並將短木釘放在膠帶的中間位置，貼近其中的一邊長邊。

3 將兩條長木釘放在短木釘的兩邊，對齊長木釘上的標記，把它們交叉擺放，如圖所示。

這時，兩條木釘
依然呈交叉狀。

4 將布膠帶的其中一端向上摺，覆蓋長木釘和短木釘。然後將布膠帶的另一端覆蓋另一枝長木釘。

5 將兩邊布膠帶的末端翻過短木釘，然後用力壓實，確保貼得穩妥。

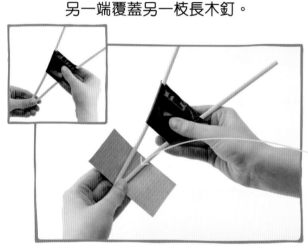

如今兩枝木釘之間有了張力，儲存了勢能。

6 將兩枝木釘交叉的位置拉開至並排，然後用布膠帶固定位置。

7 用布膠帶包裹木釘的下端，然後再用另一張膠帶打直貼着一邊，穿過短木釘上方，向下摺並壓實。

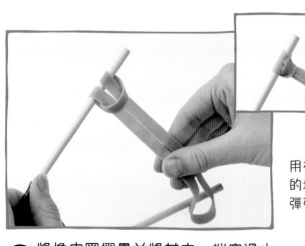

用布膠帶封住的地方，就是彈弓的手柄。

8 將橡皮圈摺疊並將其中一端穿過小圈，將圈套在一條木釘上，然後將橡皮圈拉緊。

9 用橡皮圈的另一端重複步驟 8，並套在另一枝木釘上。拉緊後，彈弓就做好了，可以開始做實驗。

球	重量 (質量)	距離	備註
乒乓球			
黏土球			
橡皮圈球			
橡膠球			

10 畫一個表格來記錄每個球的彈射距離。先量度每個球的重量，然後將數值填入表格裏。

11 將捲尺放在地上，站在捲尺的開端發射彈弓，然後量度和記錄每個球能彈多遠。輪流發射不同的球，盡量嘗試每次用相同力度發射。將結果記錄下來。

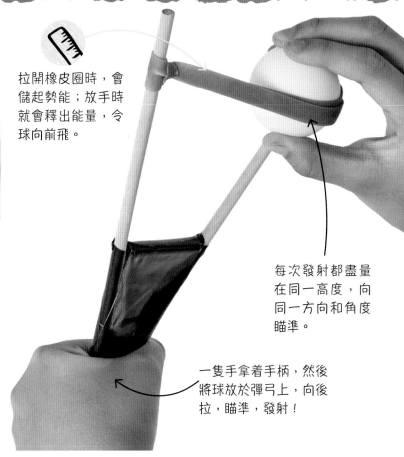

拉開橡皮圈時，會儲起勢能；放手時就會釋出能量，令球向前飛。

每次發射都盡量在同一高度，向同一方向和角度瞄準。

一隻手拿着手柄，然後將球放於彈弓上，向後拉，瞄準，發射！

運作原理

重力會將物體向下拉。不論物體的質量多少，引力都是相同的，因此，理論上所有的球都以相同時間落地。每個球行進的總距離取決於這段時間它能水平行進的距離。彈弓傳遞相同的能量給每個球，但這種能量為較輕的球增加了速度，使它們在落地前飛得更遠。

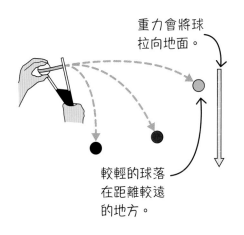

重力會將球拉向地面。

較輕的球落在距離較遠的地方。

太空科學
不同的重力

太陽系中不同行星和月球，都各有不同強度的重力。月球上的重力只有大約地球的六分之一，而木星上的重力大得令你難以抬腳。

你在月球上跳起的高度，會比在其他星球跳起要高。

木星是以氣體形成的，但假如你能站在其上，可能完全跳不起來。

你在地球上能跳多高？

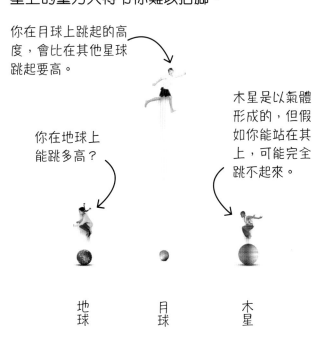

地球　　月球　　木星

一閃一閃小星星
星座燈罩

製作這個閃亮的燈罩，就可以把夜空帶進你的房間。天空中有千千萬萬顆星，天文學家把它們組成了星座，為其命名。你會選擇將哪個星座放在牀邊？

什麼是星座？

星座是從地球望上夜空能看得見的一羣星。天空中被劃分成88個星座，它們像拼圖般覆蓋夜空（見第147至149頁）。

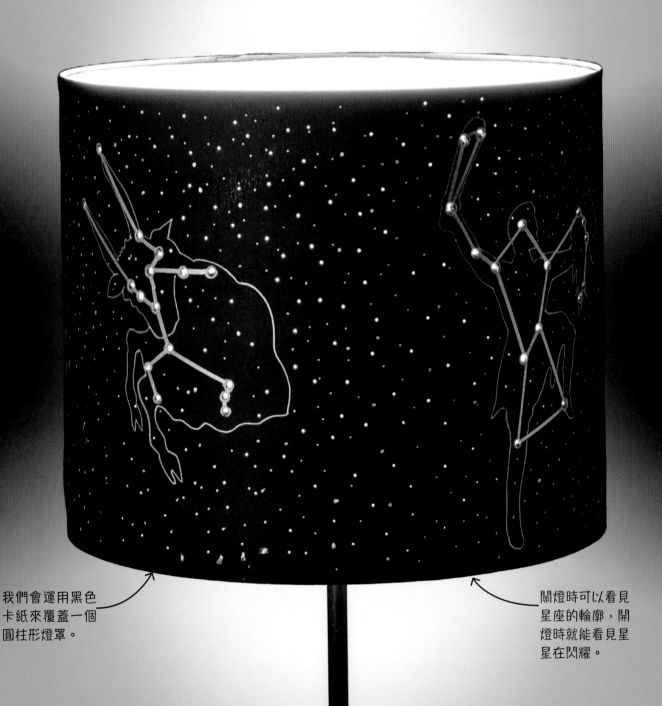

我們會運用黑色卡紙來覆蓋一個圓柱形燈罩。

關燈時可以看見星座的輪廓，開燈時就能看見星星在閃耀。

製作你專屬的
星座燈罩

　　首先你可以從書籍或網上挑選出喜歡的星座圖案，也可以研究其他國家文化裏的星宿。視乎你燈罩的大小，你大約會需要4至5個星座圖案。

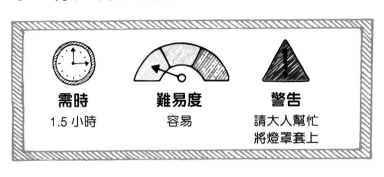

需時	難易度	警告
1.5 小時	容易	請大人幫忙將燈罩套上

實驗工具：

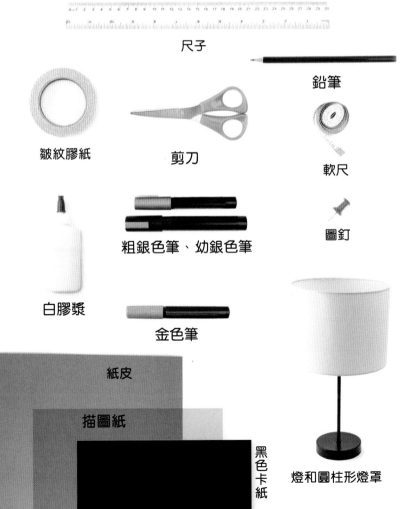

尺子

鉛筆

皺紋膠紙

剪刀

軟尺

粗銀色筆、幼銀色筆

圖釘

白膠漿

金色筆

紙皮

描圖紙

黑色卡紙

燈和圓柱形燈罩

1 量度燈罩的高度和圓周。在圓周加上2厘米，以預留卡紙重疊的位置。

2 將尺寸畫在黑色卡紙上，剪下一個長方形，然後放在燈罩上，檢查尺寸是否適合。

可以用小圓形來標示星座裏的星。

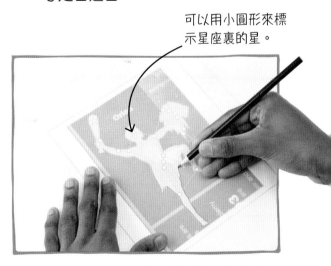

3 用描圖紙將星座的輪廓勾畫出來。將描圖紙反過來，在背面也將線條重畫一次。

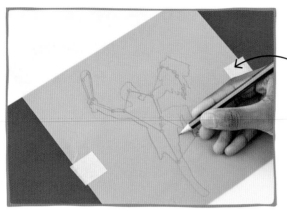

可用皺紋膠紙
固定描圖紙的
位置。

4 將描圖紙轉回正面，用鉛筆再畫一
次圖案，將圖案轉畫到黑色卡紙上。

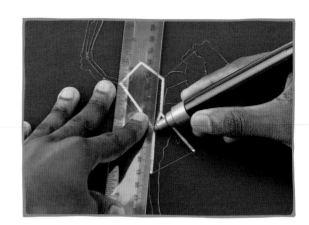

5 用粗銀筆和尺子，小心地在線上將
星座裏每顆星之間的連結畫出來。

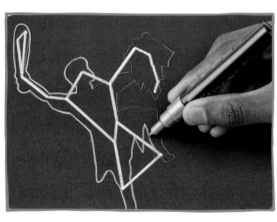

6 然後，用金色筆疊上星座圖案的鉛
筆痕跡。

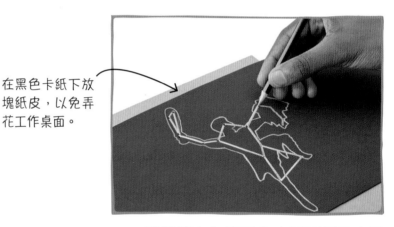

在黑色卡紙下放
塊紙皮，以免弄
花工作桌面。

7 用鉛筆在每顆星的小圓形標記上戳
一個洞。

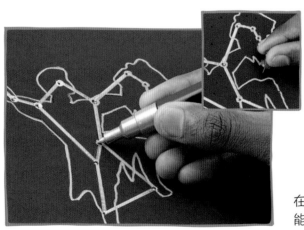

8 用幼銀色筆圍繞每顆星洞畫上小
圓，然後用圖釘任意在整張紙的不
同位置戳些小孔。

在地球上，肉眼
能看見的星大約
有6,000顆。

9 用幼銀色筆在孔與孔之間畫一些銀
點。這些銀點是日間的星，關了燈
就能看見；小孔是晚間的星，開了
燈就能看見。

星星是一些巨大而遙遠的氣體球，會發出熱力和光。

天上每顆星和其他物體，都位於某個星座之中。

10 在卡紙頂端和底端塗上白膠漿，把它貼在燈罩上，用力按壓至白膠漿乾透。請大人幫忙將燈罩套到燈上。現在不論日夜，你也能欣賞「夜空」！

太空科學
星座命名

星座怎樣得名？自古以來，人們看見較亮的一羣星組成了圖案時，就會以跟它看上去相似的東西來命名。雖然世界各地的天上都是同一些星，但擁有不同文化的人會各自為它命名。例如，印度天文學家覺得像鱷魚，歐洲天文學家卻認為是半山羊半魚形的摩羯座。有時，一個星座在不同文化裏會被當作截然不同的星宿。

在澳洲原住民文化和歐洲文化裏，都認為獵戶座像個獵人。

希臘天文學家命名為摩羯座的這個星座，對印度天文學家而言卻是鱷魚。

加拿大原住民和古希臘人都認為大熊座的形狀像隻大熊；而中國人則認為大熊尾巴是一個勺子（北斗）。

餐碟上的星球
地球蛋糕

在地球的地殼下，藏着三個主要結構——地幔、外核和內核，而這個蛋糕的糖衣下也有三層。按着以下步驟來做，就能焗製出你專屬的多層地球蛋糕。

這個蛋糕的製成品是一個半球體，但你也可以製作兩個的半球體，合起來就成為一整個地球。

可以從書本中複製各大洲的形狀，或者從網上列印它們的圖像。

地球的直徑是12,742公里，但這個蛋糕可以放在一隻餐碟上。

地心之中

地球是由45億萬年前相撞的太空岩石所形成，這些岩石相當熾熱所以便融合在一起。重力把較重的元素拉到中心，形成了地核，如今的地核有大部分仍是熔岩。隨着時間推移，地球慢慢冷卻，也形成了不同的地層（見第57頁），地殼由岩石組成，其上有海洋和陸地。

用綠色糖霜來製作島嶼和各大洲。

用藍色的糖霜來製作海洋，海洋佔了地球很大部分。

切開蛋糕，就可以看見色彩繽紛的蛋糕層，跟地球的地層非常相似。

製作你專屬的 地球蛋糕

這份食譜能製作半球形蛋糕——這樣蛋糕起碼不會從碟子上滾下來！想製作一整個地球的話，可以焗製兩個半球形蛋糕，然後用溫熱的果醬將它們黏起來。

需時	難易度	警告
3 小時，包括冷卻時間	中等	使用焗爐時須請大人幫忙

實驗工具：

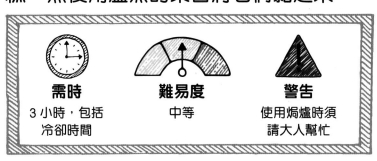

10 厘米、18 厘米、22 厘米的半球形蛋糕模

擀麵棍

木匙

鉛筆

冷卻架

食物掃

剪刀

小碗

果醬 2 湯匙

糖霜

小型、中型、大型的攪拌碗

麵粉 335 克

細砂糖 335 克

軟化牛油 335 克

藍色和綠色翻糖糖霜

紅色、橙色和黃色食用色素

描圖紙

烤焗盤

造型工具

蛋糕忌廉刀

湯匙

烤肉叉子

蛋糕圈

中型蛋 6 隻

刮刀

畫筆

1 首先，徹底洗淨雙手。然後在全部蛋糕模上塗上軟化牛油，並輕輕掃一層麵粉，令蛋糕不會黏着蛋糕模。

2 在最大的攪拌碗中，將糖和牛油用木匙攪拌，直至所有材料變得鬆軟。

3 加入一隻雞蛋，然後徹底攪拌。重複這個步驟，每次加入一隻雞蛋，攪拌均勻，直至加入全部雞蛋。

4 邊攪拌邊慢慢加入麵粉，並攪拌至所有材料都均勻混合。

大約劃分就可以，不需要非常精確。

5 將一半材料留在大型攪拌碗。將餘下的其中三分之二放進中型攪拌碗，三分之一放進小型攪拌碗。

加入食用色素，直至你認為顏色足夠鮮豔。

6 在小型攪拌碗加入黃色食用色素，輕柔地攪拌均勻，直至混好顏色。

7 重複步驟 6，在中型攪拌碗加入橙色食用色素，在大型攪拌碗加入紅色食用色素。

地球內核約有 2,740 公里。

8 如今你有三種不同顏色的蛋糕混合物，預備可以放進蛋糕模。這時，可以將焗爐預熱至攝氏 180 度。

9 你在步驟 1 已預備好三個蛋糕模，將黃色蛋糕混合物放進小蛋糕模。

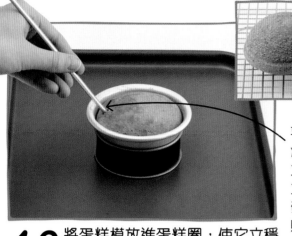

要測試蛋糕是否已焗好，可以把烤肉叉子插進去：如果叉子沒有被黏住，蛋糕就已焗好；否則，可以再烤一會兒。

10 將蛋糕模放進蛋糕圈，使它立穩在烤焗盤上，再放進已預熱的焗爐裏，焗 20 分鐘後，請大人用隔熱手套取出蛋糕脫模，將蛋糕放在冷卻架上。

11 這時，將橙色的蛋糕混合物倒進中型蛋糕模。用湯匙在中間挖一個像井的洞。

地球的外核有 2,000 公里厚。

12 將小蛋糕慢慢放進洞口，球形面向下，讓它稍稍低於表面。然後將橙色蛋糕混合物掃平，覆蓋整個蛋糕。

13 焗 30 分鐘。像步驟 10 那樣，用烤肉叉子測試蛋糕是否焗好，然後將它放在冷卻架上。

慢慢將焗好的蛋糕放進洞口，球形面向下。

14 將紅色的蛋糕混合物放進最大的蛋糕模中。同樣，在中間位置挖一個洞，然後將焗好的蛋糕放進去。

15 將蛋糕稍稍壓低於水平面，然後將蛋糕混合物掃平，覆蓋焗好的蛋糕。

地球的地幔有2,900公里厚。

16 焗大約 40 分鐘，然後用烤肉叉子測試蛋糕是否已焗好（見步驟 10），並將蛋糕放在冷卻架上。

17 將蛋糕反過來，球面向下。請大人幫忙小心地用蛋糕忌廉刀把底部砌平，讓蛋糕可以平穩地放在碟子上。

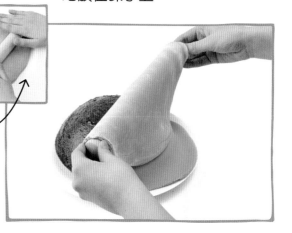

輕輕在工作桌面上灑一層糖霜，可以令翻糖糖霜不會黏住桌面。

果醬能讓糖霜黏住蛋糕。

18 在果醬中加入一湯匙熱水稀釋。然後在蛋糕上塗一層果醬。

19 將藍色的翻糖糖霜壓平，直至它能覆蓋整個蛋糕，厚度要有約 5 毫米。用擀麵棍將糖霜移到蛋糕上。

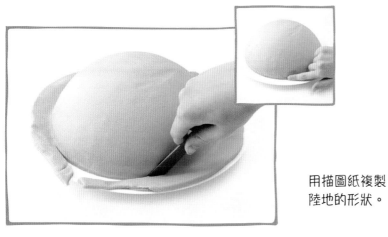

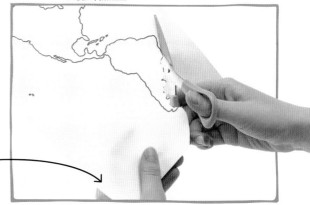

用描圖紙複製陸地的形狀。

20 將糖霜由上而下掃平至覆蓋整個蛋糕。用工具把多餘的糖霜切走，然後整理底部糖霜邊。

21 你想將地球的哪個部分放到蛋糕上？從書籍或網上找出陸地形狀，按圖勾畫後剪出來。

不需要太過精準,只需切出大概的形狀就可以了。

22 將綠色的翻糖糖霜壓平至5毫米厚。將陸地的紙模放在糖霜上,然後用造型工具將糖霜切割成陸地形狀。

地球的外殼較薄,只有80公里厚。

23 將每片陸地翻轉,在背後塗一點水,好讓它黏住藍色翻糖糖霜。

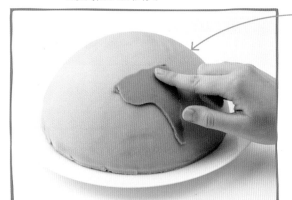

24 小心地將陸地圖案放到蛋糕上,然後輕輕按壓。

25 鋪上所有陸地後,可以用造型工具整理一下陸地的邊緣位置。

地球以外……

太陽系的每顆行星內部和外觀都很不一樣(見第30至31頁),你也可以焗製其他星體的蛋糕。用不同的顏色來製作內層,然後配合行星或衞星的外貌來裝飾蛋糕表面——例如加些食用金粉,加一些凹凸的火山口造型,或將有色的糖霜混在一起,營造雲層的效果。

製作月球蛋糕的話,可以用奶油造出灰色的粗糙岩石表面,並用圓形的翻糖糖霜來做火山口。

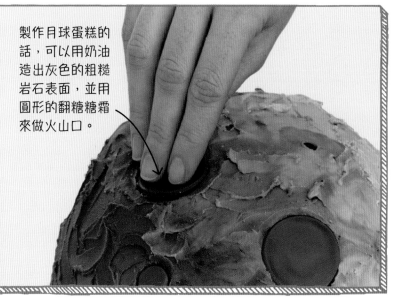

26 在碗中加入一湯匙糖霜和少許水，混合後塗在海面，就像一些雲。將蛋糕切開，就可以看到精彩的層次。

陸地下的地球外殼比海洋下的外殼更厚，跟蛋糕的外殼一樣。

如果地球是個蘋果，地殼就只有蘋果皮那樣薄。

海洋佔地球表面約71%。

太空科學
地球的分層

地球的最外層就是地殼，由泥土和岩石組成。外殼下是地幔，這一層很熱，岩漿在緩慢地翻騰，在各個方向拉動地殼，有時會引致地震。最入面的一層是地核，由兩個部分組成：一個液態岩石的外核，以及一個固態內核。

地球內核由固態鐵和鎳形成，溫度跟太陽表面同樣炙熱。

外核是液態金屬。

重力將地球拉成一個幾乎完美的球體。

地球外殼是一層很薄的岩石。

厚地幔層主要由密度較高的矽酸鹽礦物形成，富含鐵和鎂。

星爆與星際雲

星系畫廊

　　你認為宇宙就只是一個很大卻空蕩蕩的空間嗎？完全不是呢！宇宙裏有億萬個大小形狀各異的星系，例如螺旋星系、橢圓星系或不規則星系。用天文望遠鏡觀看的話，實在是令人歎為觀止——也能成為這個有趣的藝術活動的靈感。

不規則星系是無形狀的，裏面有些明亮的年輕星星，這種很適合用海綿隨意印壓出來。

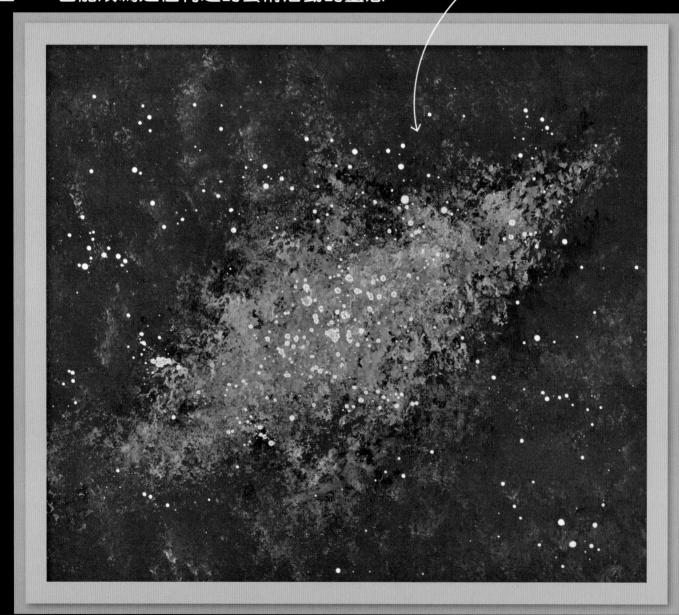

星系是什麼？

星系是一大堆星星、氣體和塵埃通過自身重力拉在一起。有些星系只有數百萬顆星星，但有些星系，例如我們的銀河系（見第146至147頁）是個巨大的螺旋或球形，裏面有億萬顆星星。你在夜空中能看見的星星，都是屬於銀河系的。

有些大型的星系有很長的螺旋臂，臂上有許多新星。將幾種軟粉彩顏色混在一起，就能畫成一幅漂亮的交織螺旋圖。

螺旋星系的樣子會因應我們觀看的角度而有所不同。用水溶性木顏色筆來繪畫這幅螺旋星系側視圖，就最適合不過了。

太空科學
不同的星系

星系有多種形態,例如橢圓星系裏有些淡紅色和黃色的球體,或是不規則星系中的亮藍色和白色的無形狀星雲。我們所身處的銀河系是一個棒旋星系,即是短棒形狀的螺旋星系。我們位於它的兩個旋臂之間,從地球的角度看出去,銀河系就像一條星雲帶,環繞整個天空。

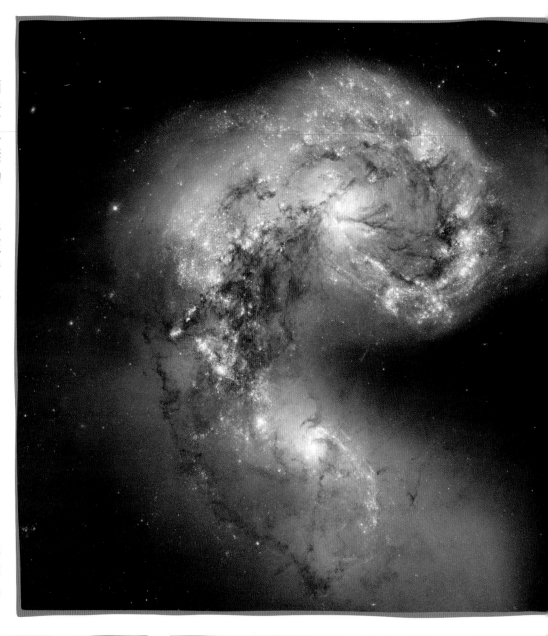

星系碰撞

星系碰撞和合併時,就會變得更大。兩個螺旋星系發生碰撞後,改變了它們的形狀,也促成了許多新星的誕生。

不規則星系

沒有固定形狀的星系有許多氣體雲,會產生許多明亮的新星。

橢圓星系

由星星組成的巨大球狀形狀各異,有完美的球體,也有細長的圓柱體。

螺旋星系

這種星系中央有一團球狀的星星，並有兩隻螺旋臂包裹着。

棒旋星系

由螺旋臂包裹着中央的一團球狀星星，而中央的兩邊有兩條棒形結構。

透鏡狀星系

較為罕見的星系，像沒有旋臂的螺旋星系。

製作你專屬的 太空藝術品

星系有不同的形成方式，這些畫作也會用上不同技巧和風格。你可以試試以下幾款，然後再嘗試其他款式，創造出更多漂亮的太空結構。

需時	難易度
1 小時	容易

實驗工具：

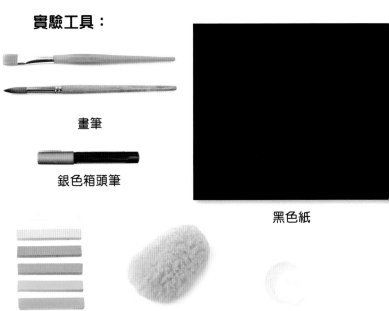

畫筆

銀色箱頭筆

黑色紙

軟粉彩　　海綿　　白色顏料加上幾滴水

用來讓海綿沾顏料的碗子

水溶性木顏色
（色鉛筆）

舊牙刷

塑膠彩

用軟粉彩

留意手部不要壓在紙上，以免把軟粉彩印開。

1 用粉紅色軟粉彩在畫紙中央開始畫兩個重疊的螺旋。將線條加粗，然後用藍色的軟粉彩再加粗。

2 繼續加粗螺旋結構，可以加入其他顏色，例如黃色和白色。

用海綿

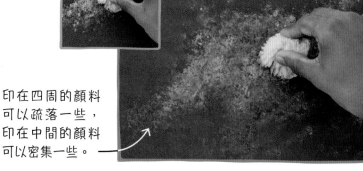

印在四周的顏料可以疏落一些，印在中間的顏料可以密集一些。

1 用海綿沾上不同深淺的藍色顏料，然後柔和地把它印在黑色紙上，印成一個鬆散的斜線形狀。

2 然後，在幾個黑色的地方加入青綠色和淡紫色。盡量令邊緣看上去粗糙，也製造一些雲霧狀的效果。

用水溶性木顏色（色鉛筆）

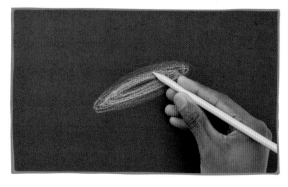

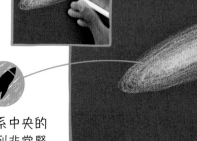

螺旋星系中央的星星排列非常緊密，遠看就像是一片模糊的雲。

1 先用黃色筆簡略地畫一個橢圓形，然後再多畫幾圈，略略填上顏色。

2 中間用白色筆填滿，再用紅色筆在外圈隨意畫些橢圓。

大部分星系都
有兩條旋臂，
但也有些只有
一條旋臂。

3 用手指輕輕塗抹在粉彩上，令線條
變得模糊。沿着螺旋形狀輕掃，將
顏色混在一起，並延伸到卡紙邊緣。

4 用舊牙刷沾一下加了水的白色顏
料。拂動刷毛，在畫作上噴上一些
「星星」。等待顏料乾透。

不規則星系裏
有許多年輕的
星星和塵埃。

3 用海綿兩端在混合的顏色裏輕印，
在畫作上印出隨意的圖案。

4 將畫筆沾些稀釋的白色顏料。將畫
筆放在畫紙上，然後輕輕拍動筆頭，
在畫作上濺上「星星」。

用一枝乾淨的
畫筆，沾少量
水就可以了。

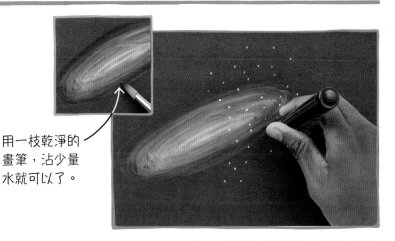

3 加入一些粉紅色和橙色的線條，越
靠近中間就越密集，越靠近外圈就
越疏落。

4 輕輕用水沿着橢圓掃開，將顏色混
在一起。乾透後，再用銀色箱頭筆
隨意加些「星星」。

太空探索

　　我們是怎樣知道太空的一切？這全靠許多探索過太空的火箭、探測器和太空人。在這一章，你可以製作火箭、太空站和月球探測車，認識用於太空探索的先進科技。製作太空人頭盔和氧氣瓶，能令你了解到太空人怎樣安全地在太空裏活動；你還可以挑戰自己，試試控制太空船降落，以及學習太空船怎樣與太空站對接。

由你來發射吧！
火箭升空腳路

火箭升空時，需要龐大的能量和極高速度來擺脫地球重力，才能進入太空。製作這個火箭發射架，你就是能量來源。將發射器拿到戶外，一起倒數升空吧。

火箭透過進入的空氣，會被推動向上飛。

你用力踩在膠樽上，空氣就會高速進入火箭內。

進入太空

火箭發射時是直立的，隨着速度加快，直至與地球表面的弧度保持一致，速度夠快的話，火箭就能進入軌道，不會掉回地面。

膠管將空氣引到
火箭機身內。

製作你專屬的
火箭和發射架

只要你腳踏在膠樽上，它推送的空氣就會成為這個火箭的能源，很妙吧！更妙的是，只要往膠管內吹氣，令膠樽重新膨脹，就可以再次發射火箭。

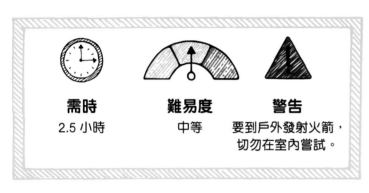

需時	難易度	警告
2.5 小時	中等	要到戶外發射火箭，切勿在室內嘗試。

實驗工具：

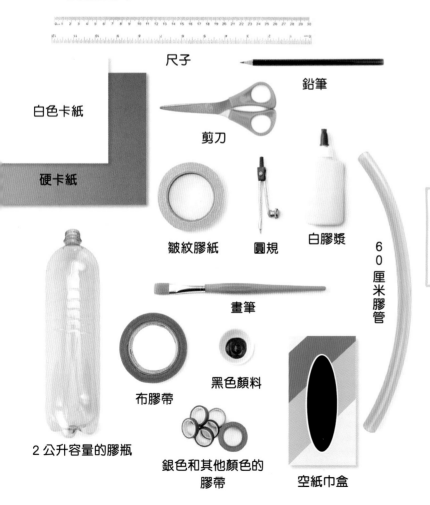

尺子
鉛筆
白色卡紙
剪刀
硬卡紙
皺紋膠紙
圓規
白膠漿
6 0 厘 米 膠 管
畫筆
布膠帶
黑色顏料
2公升容量的膠瓶
銀色和其他顏色的膠帶
空紙巾盒

製作火箭

1 剪一張長 21 厘米、闊 12 厘米的白色卡紙。將卡紙較長的一邊與膠管平行擺放，用卡紙包着膠管。

2 在白色卡紙邊塗上白膠漿，捲起來形成一個圓柱體，保持固定至白膠漿乾透。然後將它推出來，再量度圓柱體的直徑。

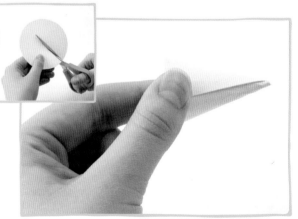

3 在另一張白色卡紙上畫一個半徑 4.5 厘米的圓形，剪出來。再將圓形剪開一半，把其中一半摺成圓錐體，圓錐體的直徑要跟步驟 2 的圓柱體一樣，用白膠漿固定好圓錐體。

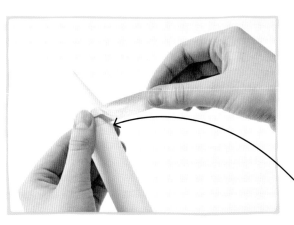

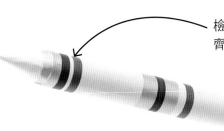

檢查有沒有用膠帶整
齊地包裹火箭一圈。

要封好接口位
置，確保沒有
空氣進出。

4 圓錐體放到圓柱體一端上，用銀色
膠帶固定。將膠帶壓好，確保沒有
空隙。

5 按你的喜好來裝飾火箭機身。我們
用了紅色、藍色和銀色的膠帶。

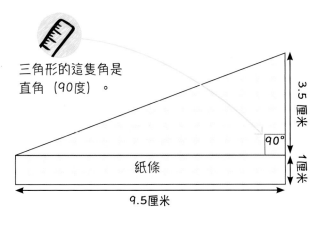

三角形的這隻角是
直角（90度）。

3.5厘米

1厘米

90°

紙條

9.5厘米

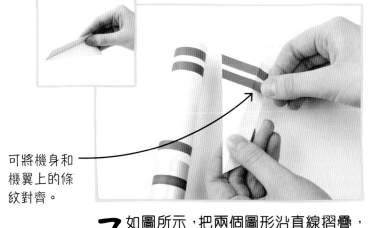

可將機身和
機翼上的條
紋對齊。

6 在白色卡紙上畫兩個長 9.5 厘米、
高 3.5 厘米的直角三角形，在三角
形長邊加上一條 1 厘米闊的紙條。
將圖形剪出來。

7 如圖所示，把兩個圖形沿直線摺疊，
作為火箭的機翼。配合機身裝飾機
翼。

機翼會令火箭更穩定，也會
令火箭的飛行路線更直。

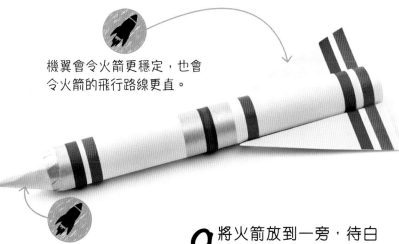

8 在摺疊位置塗白膠漿，並將機翼固
定在機身兩旁，盡量對齊條紋裝飾。

錐形能減少火箭前進
時的空氣阻力。

9 將火箭放到一旁，待白
膠漿乾透。這時，可以
開始製作發射架。

製作發射架

標記一條與盒子深度相同的卡紙條。

1 將紙巾盒側放在硬卡紙上，對齊硬卡紙的一邊。沿着紙巾盒邊，在卡紙畫一條線，用來標示它的深度。

2 沿線剪一條跟紙巾盒深度一樣的紙條，它要足夠長來包裹紙巾盒。將盒放在紙條的邊端，然後沿盒邊畫一條線標示它的長度。

沿第三條線剪開，有多餘的紙條便剪走。

3 將盒邊貼在步驟 2 畫的線，然後把短的側面放到卡紙上，畫一條線。紙巾盒的第三面側面也重複這步驟。沿第三條線剪出長紙條。

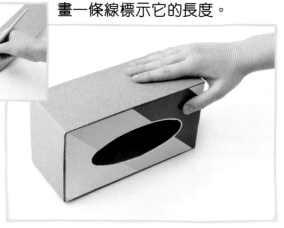

4 摺疊卡紙畫了線的位置，然後在紙巾盒的三個側面都塗上白膠漿，紙巾盒貼上卡紙後會更堅固。

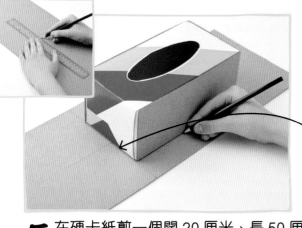

將紙巾盒未貼硬卡紙的那面對齊中線。

5 在硬卡紙剪一個闊 20 厘米、長 50 厘米的長方形。在它中間畫一條與短邊平行的直線，在直線的中心點，再畫一條與它呈 90 度角的垂直線，將紙巾盒放上去，繞盒邊畫線。

6 沿着剛畫好的盒邊線以及垂直中線，將紙巾盒位置以外的卡紙剪走。在上面塗白膠漿，黏在盒底。

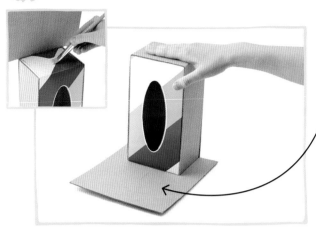

這將會是發射架底部。

將卡紙貼在底部，用力壓實。

7 在紙巾盒沒有貼卡紙那面塗上白膠漿，把整張卡紙向下覆蓋紙巾盒。將紙巾盒反轉過來，用力壓住直至白膠漿乾透。

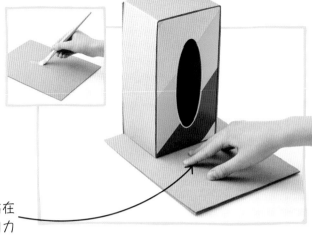

8 在另一張硬卡紙上再畫一個闊 20 厘米、長 25 厘米的長方形，剪出來貼在發射架底部下方，令它更堅固。

大部分發射架都有一座火箭固定塔，讓火箭發射前可以豎起來。

選用皺紋膠紙是因為可以在它上面塗顏料。

9 用皺紋膠紙貼住所有的接駁位，然後將整個底座塗黑。你可以塗兩層顏料來加深顏色。

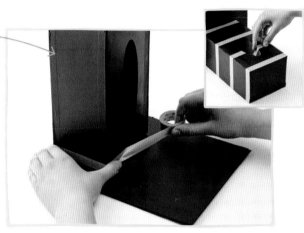

10 為了做出「鋼架」的效果，需要貼上銀色的膠帶。圍着紙巾盒身貼上四條平行的膠帶。

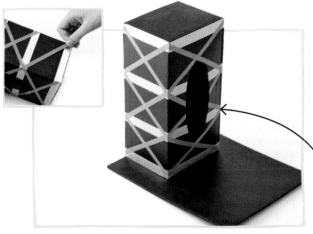

要找出中心點，可以畫兩條對角線，對角線交叉的位置就是中心。

可選用幼一點的銀色膠帶來製作橫樑。

11 接着，用銀色膠帶在平行線之間加入交叉圖案，形成橫樑。

12 在盒子上端的中心，畫一個直徑跟膠管一樣的圓形。用鉛筆戳洞後，把圓形剪出來。

準備升空！

每次發射火箭後，可以從這裏吹氣，令膠瓶再膨脹，便能再次發射火箭。

1 將膠管從紙巾盒前方的橢圓形開口放進去，然後從頂部的洞穿出來。

2 將膠管的另一端放進膠瓶，然後用布膠帶固定。確保封口位置不會漏氣。

3 小心地將穿出來的膠管放進火箭機身，然後將火箭放好，豎立在發射架上。

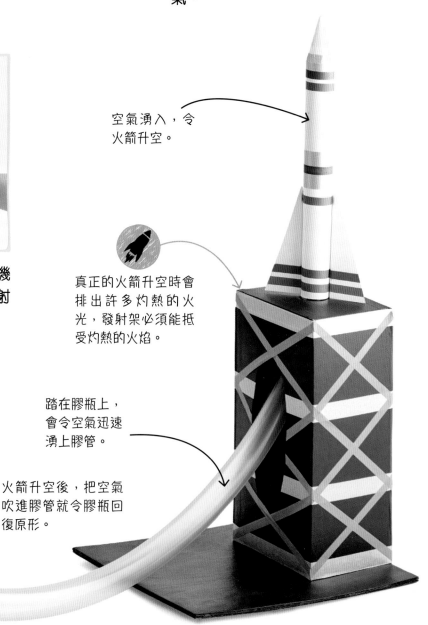

空氣湧入，令火箭升空。

真正的火箭升空時會排出許多灼熱的火光，發射架必須能抵受灼熱的火焰。

4 將整個發射器帶到戶外，開始倒數，3、2、1、0！用力踏在膠瓶上。火箭升空了！重新吹氣進膠瓶內，火箭就隨時可以再升空。

踏在膠瓶上，會令空氣迅速湧上膠管。

火箭升空後，把空氣吹進膠管就令膠瓶回復原形。

運作原理

踏在膠瓶上會把空氣推進到火箭內，由於火箭頂部已封好，空氣便會向下排出，形成一股上升的力量，推起整支火箭。真正的火箭會用引擎產生膨脹的氣體，但推力的產生方法相同──氣體會向引擎頂部推，同時從底部排出，令火箭形成一股向上的力量。

1. 進入火箭的空氣會從內部向上推。

2. 火箭升起。

3. 空氣會從火箭底部排走。

氣體對火箭的反作用力

火箭對氣體的作用力

1. 在火箭內燃燒燃料，產生膨脹氣體。

2. 膨脹氣體推動火箭向上升。

3. 氣體會從火箭底部排出。

火箭模型　　真火箭

太空科學

火箭怎樣到達太空

為了避免火箭掉回地面，它必須產生足夠強的推動力，以抗衡因為自身重量而向下的拉力。最佳做法是使用一種稱為推進劑的固體或液體化學物，燃燒這種化學物時，會產生爆炸反應，熱氣體就會從火箭底部的排氣嘴排出。

美國太空總署（NASA）的太空發射系統（SLS）火箭，是強大的火箭之一。

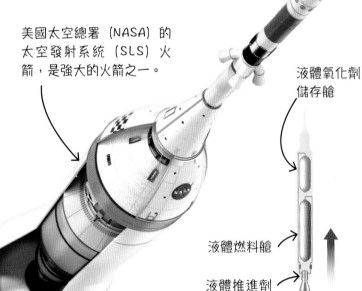

液體氧化劑儲存艙

液體燃料艙

液體推進劑火箭引擎

要讓SLS火箭升空，需要兩個固體推進劑助推器和四個液態推進劑主引擎，它們產生的能量相當於13,400輛火車。

火箭燃料

液體推進劑火箭裏有兩個載有化學物的艙，分別是燃料和氧化劑。氧化劑在太空中的作用類似地球大氣層中的氧氣，讓火箭可以在太空燃燒燃料。固體推進劑火箭則將燃料和氧化劑結合在粉末狀或壓縮固體材料中。

準備升空！
火箭模型

　　火箭是將太空船運送到太空的交通工具。進入太空後，火箭各部分就會脫離太空船，然後掉落。你即將製作的火箭模型也跟真火箭很像，有四個不同部分的巧妙設計。

有些火箭升空時所產生的能量，相當於30架波音747客機。

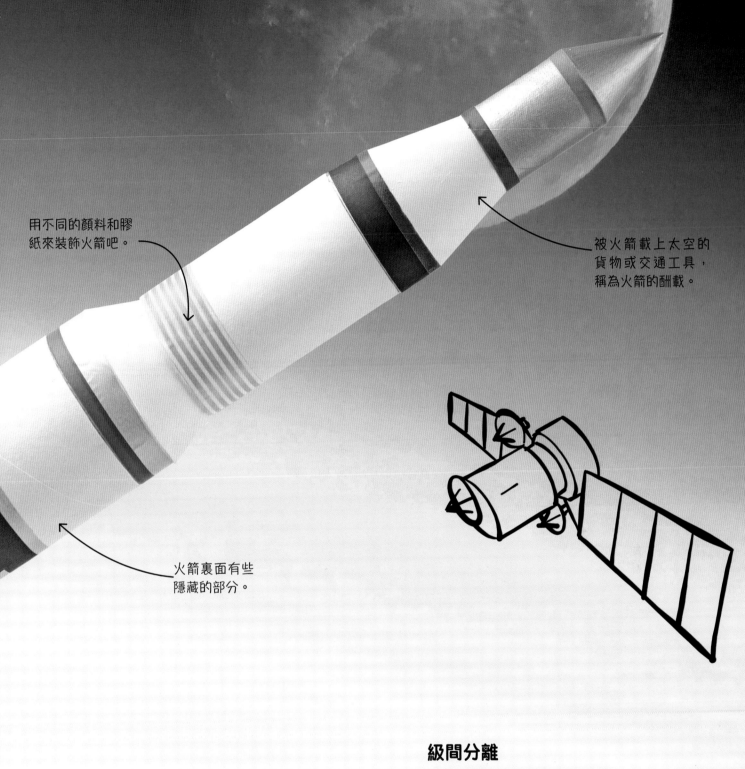

用不同的顏料和膠紙來裝飾火箭吧。

被火箭載上太空的貨物或交通工具，稱為火箭的酬載。

火箭裏面有些隱藏的部分。

級間分離

大多數火箭都會分成不同部分，這些部分稱為「級」。火箭各部分疊放在一起，助推器放兩邊。各級會輪流啟動自身的火箭引擎，一旦它用盡燃料，就會掉落，剩下較輕的上級繼續將火箭推上太空。

製作你專屬的 太空火箭

這支火箭由許多圓錐體和圓柱體組成，我們會分幾部分製作以便掌握，也會提出裝飾的建議。但這是屬於你的火箭，所以你可以自由增添裝飾。

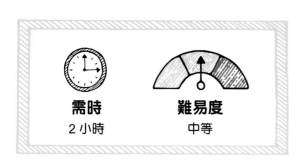

需時
2 小時

難易度
中等

實驗工具：

尺子

鉛筆

畫筆

剪刀

圓規

硬卡紙

描圖紙

白色卡紙

乒乓球 4 個

白膠漿

軟尺

皺紋膠紙

大卡紙筒：長 33 厘米，直徑 8 厘米

塑膠彩顏料

中卡紙筒：長 17.5 厘米，直徑 6 厘米

膠帶

小卡紙筒 5 個：長 10 厘米，直徑 4 厘米

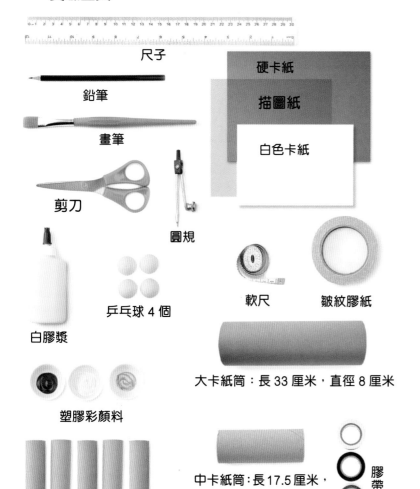

製作第一部分

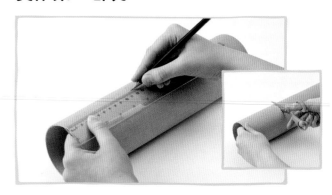

1 沿大卡紙筒一端畫一條長 12 厘米的直線，畫標記。用鉛筆在該處戳洞，把剪刀放進去，剪開紙筒，會得到兩個不同長短的紙筒。

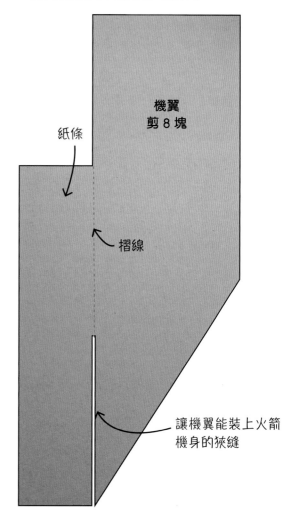

機翼
剪 8 塊

紙條

摺線

讓機翼能裝上火箭機身的狹縫

2 用描圖紙描摹上圖的機翼，然後將圖形轉移到硬卡紙上。將機翼（包括狹縫）剪出來，再多剪七個同樣的形狀。

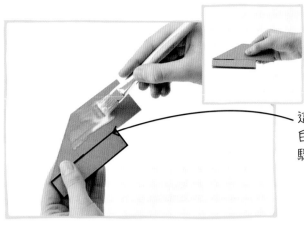

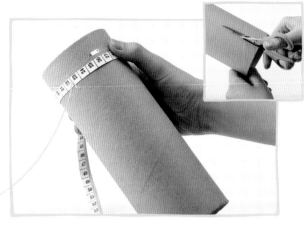

這位置不用塗白膠漿，在步驟5會黏貼。

將量度到的數值除以4。

3 將兩塊機翼貼在一起，不要在下方位置塗白膠漿。剩餘六塊以同樣做法製作，共得出四塊加厚的機翼。

4 量度大圓筒的圓周，將圓周平均分四分，標示在上面。在每個標記剪出一條距離邊端 5 厘米的縫隙。

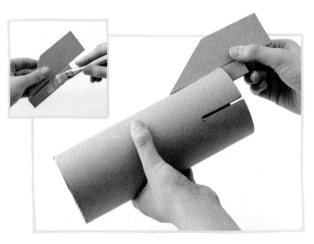

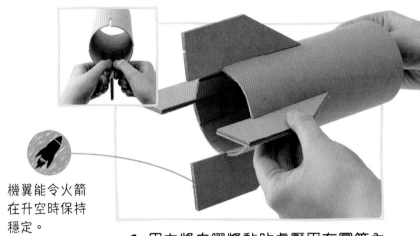

機翼能令火箭在升空時保持穩定。

5 將白膠漿塗在機翼的下方，然後將機翼的縫隙滑進圓筒的縫隙中。

6 用力將白膠漿黏貼處壓平在圓筒內側，直至白膠漿乾透。其餘三塊機翼以同樣做法。

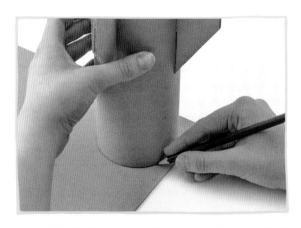

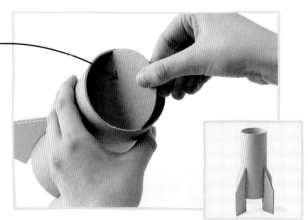

慢慢將圓形放進圓筒，用尺子或鉛筆將它輕輕推進去。

7 將圓筒的另一端放於卡紙上，繞着圓周畫兩個圓形，然後剪出來。剪的時候需要沿着線條內側來剪，這樣圓形才可剛好放進圓筒內。

8 將其中一個圓形放進圓筒，將它推進去，使它卡在圓筒裏的機翼上。

製作第二部分

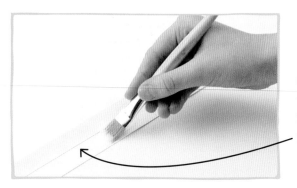

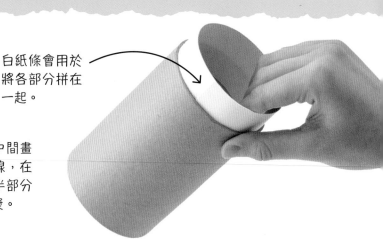

白紙條會用於
將各部分拼在
一起。

在紙條中間畫
一條橫線,在
線的下半部分
塗白膠漿。

1 在白色卡紙剪一條闊 4 厘米的紙條,長度要足以圍繞早前準備的小圓筒。在紙條的下半部分塗白膠漿。

2 將塗了白膠漿的部分貼在圓筒內側,紙條的橫線貼着圓筒口,沒塗白膠漿的半邊紙條則位於圓筒外。

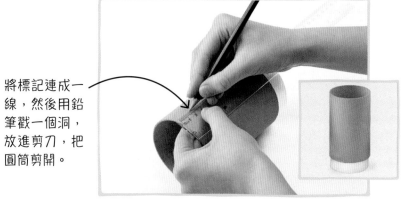

將標記連成一
線,然後用鉛
筆戳一個洞,
放進剪刀,把
圓筒剪開。

3 將之前剪下的第二個圓形,從圓筒沒有白紙條的一端放進去,然後將它推到白紙條位置。

4 在沒有白紙條的邊端量度 2 厘米距離,繞着圓筒畫上標記。沿標記剪下一個圓環,留待第三部分使用。

製作第三部分

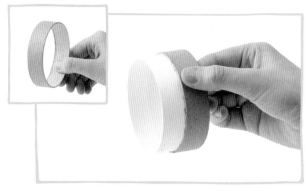

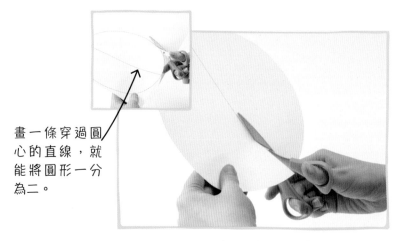

畫一條穿過圓
心的直線,就
能將圓形一分
為二。

1 於白色卡紙剪下闊 4 厘米的紙條,跟第二部分步驟 1 同樣做法,貼在圓環的內側,露出半條白紙條。

2 用圓規在白色卡紙上畫半徑 10 厘米的圓形。剪下圓形,再將它剪一半。其中一個半圓稍後會用到。

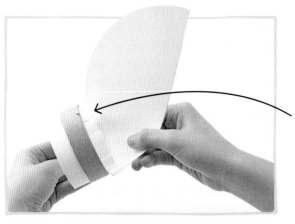

用白膠漿將
接口貼上。

用手指將白卡紙
按壓在皺紋膠紙
外露的黏貼面。

3 在沒有白紙條的一端，將皺紋膠紙撕成一片片，貼在圓筒內側，每片膠紙都露出一半。將其中一個半圓形卡紙的弧邊貼在皺紋膠紙上。

4 小心地將半圓卡紙屈曲成錐體，配合弧度貼在膠紙上。用白膠漿將錐體貼好接口位，按壓至乾透。

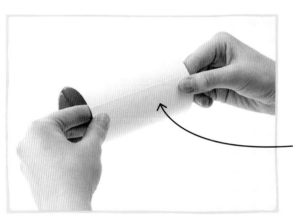

這樣可令你
的火箭成品
更美觀。

5 用白色卡紙包裹中卡紙筒表面並貼好，因為它的表面可能粗糙或有坑紋。

6 將中卡紙筒套在剛才的錐體上。在它卡住紙筒的底部位置畫一圈。

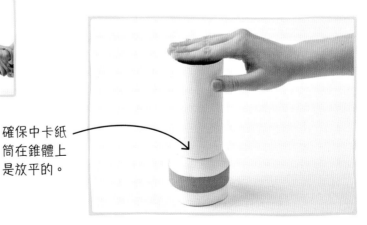

確保中卡紙
筒在錐體上
是放平的。

7 在步驟 6 畫的線對上 1.5 厘米畫第二條線。沿第二條線將錐體剪開，接下來不需用到錐體頂部。

8 在中卡紙筒的一端內塗白膠漿，貼在剪開的錐體上，平放紙筒。按壓至白膠漿乾透。

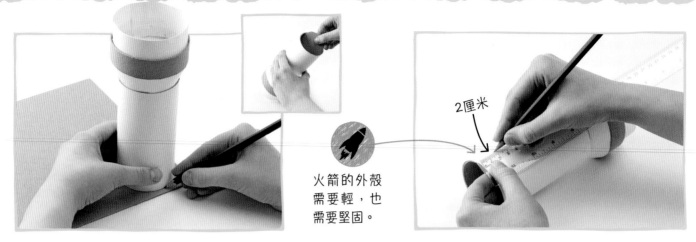

火箭的外殼
需要輕，也
需要堅固。

9 在硬卡紙上，沿着中紙筒另一端畫一圈。剪下圓形，放進紙筒，直至它能平放錐體上。

10 在錐體對面的開口處，量度2厘米，圍繞紙筒畫幾個標記，並將它們連成線。

2厘米

跟之前一樣，
用鉛筆在線上
戳洞，把剪刀
滑進去剪。

11 沿線剪開紙筒，剪出來的圓環留在第四部分用。

製作第四部分

1 剪一條4厘米闊的白色紙條。將它貼進剛才的圓環，露出半張白紙條。

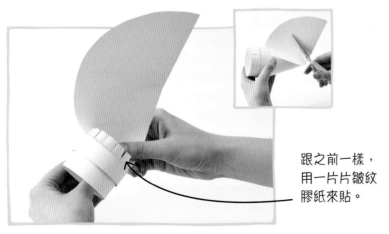

跟之前一樣，
用一片片皺紋
膠紙來貼。

2 用半圓形卡紙在另一端貼成錐體（參考第79頁，步驟3和4）。剪走多餘的卡紙，貼住開口，按壓至白膠漿乾透。

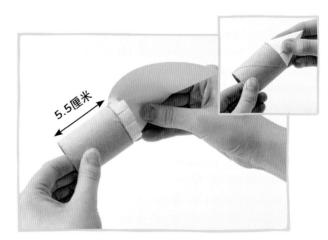

5.5厘米

3 將其中一個小紙筒剪成5.5厘米高。在白色卡紙上，畫上並剪下一個半徑5厘米的半圓，把它在小紙筒貼成錐體。

4 在小紙筒的開口內側塗白膠漿，套在步驟 2 做的錐體上。用力按壓至白膠漿乾透，確保紙筒平直。

5 為火箭的四個部分塗上一至兩層白色顏料。待顏料乾透。

製作助推器

助推器能為升空提供額外的推力，使用後會在海洋上空被拋棄。

6 顏料乾透後，將第一至第三部分製作的紙筒內部塗黑，但不用塗黑第四部分。

1 將四個乒乓球分別貼在四個小紙筒的一端，按壓至白膠漿乾透。然後，將四個紙筒塗一至兩層白色顏料。

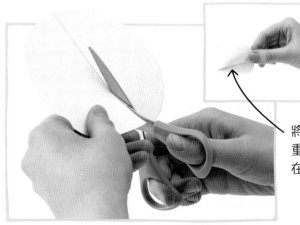

將直邊稍重疊，貼在一起。

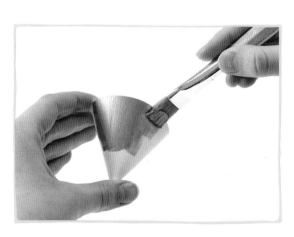

2 在白卡紙上剪兩個半徑 6 厘米的圓形，將圓形再剪一半。將四個半圓各自黏出四個錐體。

3 將四個錐體塗上銀色。你需要多塗幾層顏料才夠美觀，待顏料乾透。

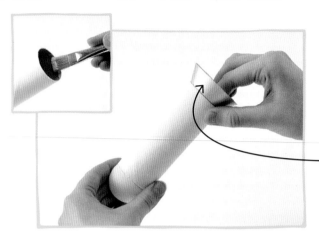

將火箭頂部
塗上銀色。

鼻錐（火箭前端）設
有救生艙，供太空人
緊急情況使用。

留意錐體底部要
跟紙筒口平行。

第四部分

4 在每個小紙筒的開口塗白膠漿，然後各自放進一個銀色錐體，按壓至白膠漿乾透。

可用膠帶裝飾
火箭。

第三部分

紙筒套在白紙條
上，令兩個部分
緊緊連接。

第二部分

5 用膠帶裝飾助推器，確保膠帶的兩端繞過圓筒後對齊重疊。

助推器會協助
主引擎產生發
射時所需的巨
大能量。

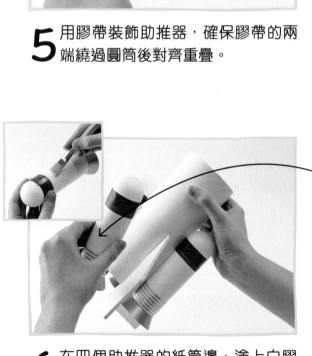

留意四個助推器
的高度要一致。

第一部分

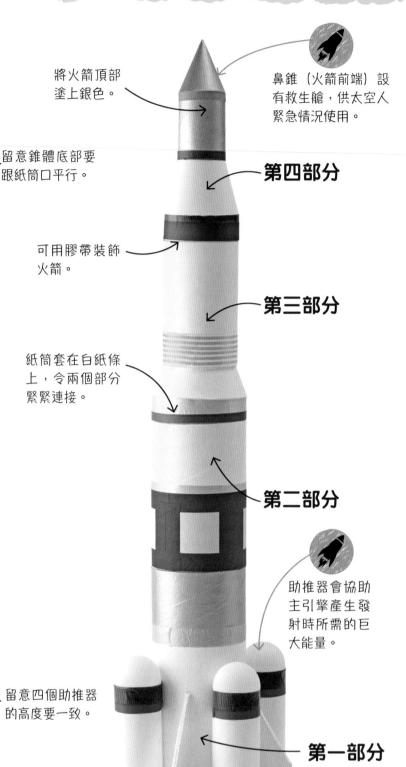

6 在四個助推器的紙筒邊，塗上白膠漿，貼到第一部分製作的機翼之間。

7 最後，將火箭四個部分套在一起，然後加以裝飾。你可以按照我們的建議，也可以創出自己喜歡的設計。

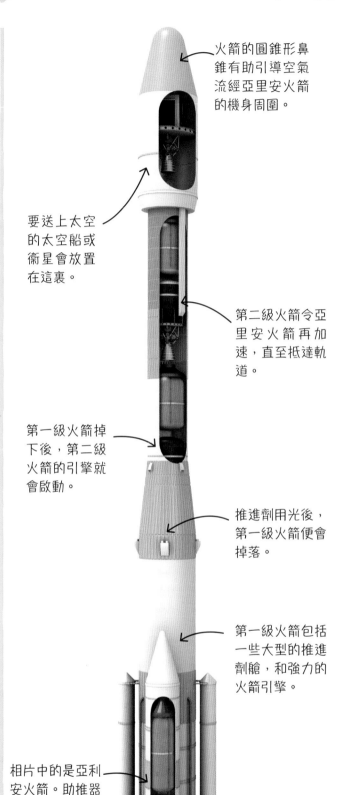

火箭的圓錐形鼻錐有助引導空氣流經亞里安火箭的機身周圍。

要送上太空的太空船或衞星會放置在這裏。

第二級火箭令亞里安火箭再加速，直至抵達軌道。

第一級火箭掉下後，第二級火箭的引擎就會啟動。

推進劑用光後，第一級火箭便會掉落。

第一級火箭包括一些大型的推進劑艙，和強力的火箭引擎。

相片中的是亞利安火箭。助推器火箭會在第一級火箭旁邊一同發射，將火箭推離地面。

太空科學
火箭設計

你的火箭模型是根據現今一款最常見的火箭來設計，例如左圖這款歐洲太空總署開發的亞里安運載火箭。然而，每支火箭的大小和節數，都視乎酬載（運送上太空的貨物）的重量，以及火箭升空的速度而定。有些可重用的火箭，如獵鷹9號運載火箭，通常級數較少，能夠導航回到地面，之後可以再次發射。

火箭秘密

你的火箭模型其實有些隱藏的暗格，讓你可以收納物體，或用作整理桌面。第一、第二和第三部分全都設有暗格，只有拆開該部分，才會看見。

可以在火箭暗格內放入各種筆，令桌面保持整潔。

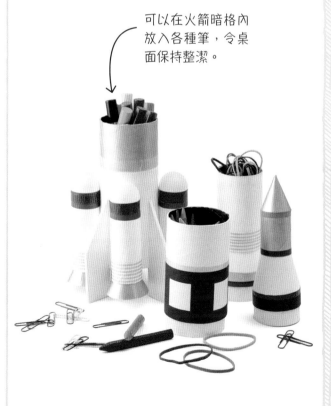

這個頭盔是由紙漿所造，但真正的太空人頭盔是用一種非常堅固的物料——高強度聚碳酸酯製成的。

你的面罩是用透明膠製成；而真正的面罩會有過濾層以保護太空人的眼睛。

卡紙部分讓你的頭盔可以寬鬆一點，以便空氣可以自由進出。

戴上面罩！
太空人頭盔

太空人要在太空中活動，必須穿上太空衣，以確保有足夠氧氣和適當的氣壓，而頭盔就是太空人的重要裝備之一。帶着這個紙漿製的頭盔，準備接受太空任務吧！

太空人為什麼會戴頭盔？

頭盔是太空衣很重要的部分。戴上頭盔，太空人才能自由呼吸，它能保護太空人的頭部，也可讓他們透過無線電連結與總部保持聯絡，並充當太空人觀察周遭環境的視窗。

製作你專屬的
太空人頭盔

這頭盔需要貼合你的頭部，並且留有空間讓你輕鬆呼吸，因此請測試一下它的大小，確保能令空氣流通。面罩的部分，你可以用一塊軟塑膠片，或任何一種打算拿去回收的塑膠包裝物。

實驗工具：

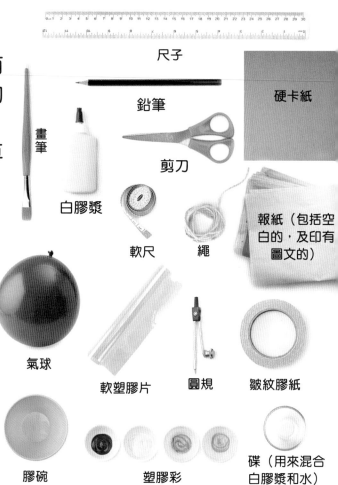

尺子

鉛筆

硬卡紙

畫筆

剪刀

白膠漿

軟尺　　繩

報紙（包括空白的，及印有圖文的）

氣球

軟塑膠片　　圓規　　皺紋膠紙

膠碗　　塑膠彩　　碟（用來混合白膠漿和水）

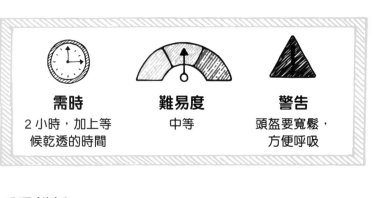

需時	難易度	警告
2 小時，加上等候乾透的時間	中等	頭盔要寬鬆，方便呼吸

面罩樣板

複製和放大以下的樣板，請在卡紙上畫出較大的方格網。然後將以下每個方格內的形狀複製放大到卡紙上的方格內。

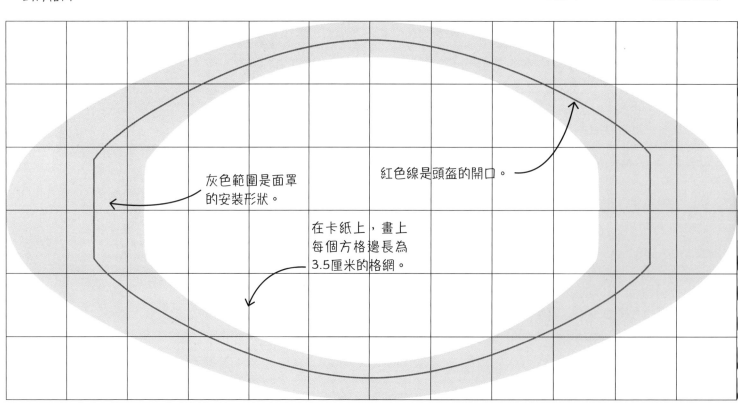

灰色範圍是面罩的安裝形狀。

紅色線是頭盔的開口。

在卡紙上，畫上每個方格邊長為 3.5 厘米的格網。

圓周就是一個圓形或球體外圍的長度。

1 將報紙撕成邊長約 4 厘米的正方形。粗糙的正方形邊才能造出紙漿的自然效果。

2 量度你頭部最闊的位置。把氣球吹脹，直至它的圓周比你的頭圍多 20 厘米。

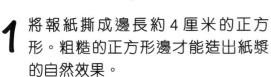

將氣球放在碗中，可以固定好氣球，方便工作。

3 在膠碗中混和白膠漿和同等分量的水。逐部分處理氣球表面，先用報紙沾上白膠漿和水的混合物，將一層層報紙重疊貼於氣球表面。

4 將正方形報紙貼滿整個氣球，打結位置附近不用貼，我們將會剪去這個位置。

用空白報紙能讓你清楚看見你的進度。

5 重複步驟 1，這次將空白報紙撕成方塊。記住四邊不用太平整，應留有粗糙質感。

6 重複步驟 3 至 4，將空白報紙貼滿氣球。在邊緣位置與原本的報紙重疊，打結位置附近同樣不用貼。

可以用繩子綁着氣球打結的位置。

7 將氣球倒掛一整晚，讓紙漿完全乾透。留意倒掛氣球時不要讓它碰到其他東西。

8 待紙漿乾透後，重複步驟3至7，氣球總共要有四層報紙包裹，第二和第四層為空白報紙。

9 在紙漿上塗上白色顏料，等它乾透。若仍能看到報紙的印刷顏色，可以多塗幾層顏料，直至整個頭盔都是白色的。

太空頭盔是白色的，可以反射陽光並盡可能保持溫度平均。

10 顏料乾透後，就可以戳破氣球。在打結位置附近剪一個小洞，然後小心地將氣球從紙漿中取出。

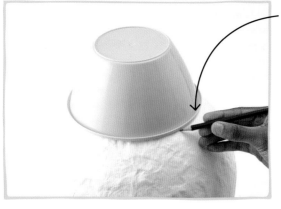

這裏的圓周起碼要比你頭圍最闊之處多4厘米，這樣才能讓空氣流通。

11 將碗反轉放在頭盔的開口處，用鉛筆沿着碗邊畫線。這將會是戴頭盔的開口處。

12 小心地沿着鉛筆線條剪出一個平整的開口。若想容易一點剪，可以嘗試將紙漿先剪成小塊。

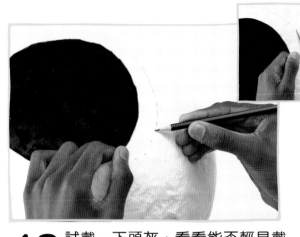

13 試戴一下頭盔，看看能否輕易戴上和除下。如有需要，可以再多剪一點紙漿，讓頭盔更寬鬆。

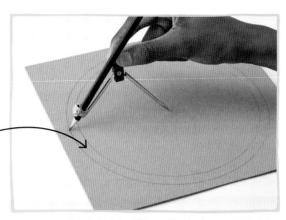

兩個圓形之間的空隙應是1.5厘米。

14 量度頭盔開口的直徑。用圓規在硬卡紙上畫一個同等直徑的圓形，然後再畫另一個半徑比它長1.5厘米的圓形。

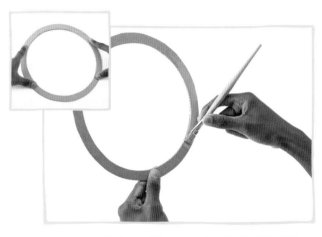

15 重複步驟14，共畫兩個圓形。將大圓剪出來，剪去中間的小圓。將兩個圓環貼起來，塗上銀色顏料。等待顏料乾透。

真實的頭盔會緊扣在太空衣領上，確保整套太空衣是密封的。

16 用皺紋膠紙將圓環貼在頭盔的開口。每張膠紙都要從環的外邊開始貼，然後摺到頭盔內側。

17 將頭盔內部塗黑，等待顏料乾透。你需要多塗一層顏料，才可令它呈完全的黑色。

在頭盔內塗色時，也要塗在皺紋膠紙上。

18 將圓環向外的一面，連同皺紋膠紙也塗黑，等它乾透。

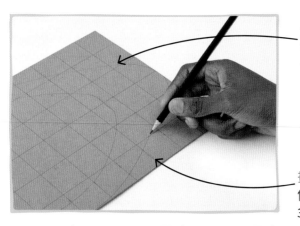

逐格將樣板上的灰色圖案複製過來。

畫方格網,每條線應相隔3.5厘米。

19 在一張長42厘米、闊21厘米的硬卡紙上畫方格網,然後將第86頁的灰色面罩樣板放大來臨摹,紅色線也要畫出來。

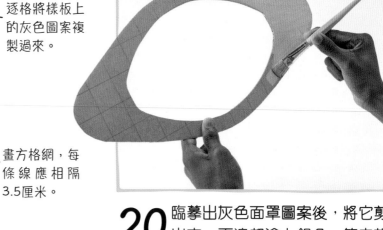

20 臨摹出灰色面罩圖案後,將它剪出來。兩邊都塗上銀色,等它乾透。

用鉛筆輕輕在線上戳個洞,然後把剪刀插入並開始剪下。

21 將面罩圖案覆蓋到頭盔上,沿面罩內框在頭盔上畫線和複製紅色線到頭盔,這是開口處,將它剪出來。

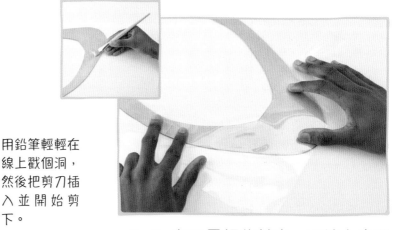

22 在面罩框的其中一面塗上白膠漿,然後小心地將一塊軟塑膠片平放在上面按壓。

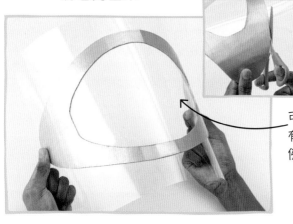

可以使用堅固又有彈性的膠片,例如玻璃紙。

23 等待白膠漿風乾時,將面罩輕輕折成微彎的弧度。白膠漿乾透後,小心地將超出面罩範圍的塑膠片剪掉。

面罩只會固定兩邊,以留有足夠的空氣流動空間。

24 在面罩的兩端塗上白膠漿,然後把它固定在頭盔的兩側,寬鬆地蓋住開口處。

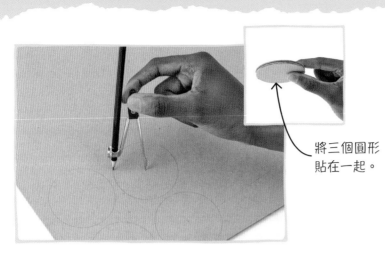

將三個圓形
貼在一起。

25 在硬卡紙畫六個半徑為 3.5 厘米的圓形,以及六個半徑為 2 厘米的圓形。將每三個大圓形貼在一起,成為兩個厚圓形;小圓形也以同樣做法製作。

26 將兩個大厚圓形塗上銀色,兩個小厚圓形塗上金色,待乾透。可以塗兩層顏料加深顏色。

真實面罩上有特別的陽光控制塗層,能過濾太陽的強光。

戴着這個頭盔應該能輕鬆呼吸的,但若你有任何不適,應立刻脫下它。

27 將兩個銀色大圓形貼在面罩兩側。然後將兩個金色小圓形貼在大圓形上面。按壓至乾透,太空人頭盔便完成了!

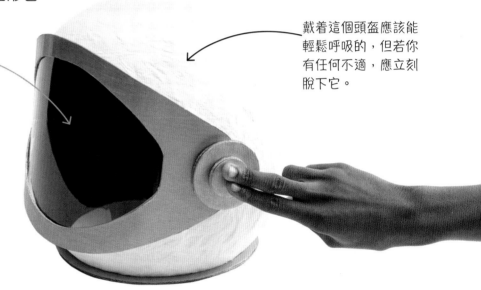

太空科學
頭盔設計

早期的太空人頭盔,前面只有玻璃窗口;但現代的頭盔由更堅固的物料所製,可以製造出氣泡形的面罩。如今,太空人可以更便利地觀看周圍環境,視野也變得更廣闊。

意大利太空人薩曼塔·克里斯托福雷蒂 (Samantha Cristoforetti) 在進行水底訓練時,從太空頭盔裏望出來。

輕鬆呼吸
氧氣瓶

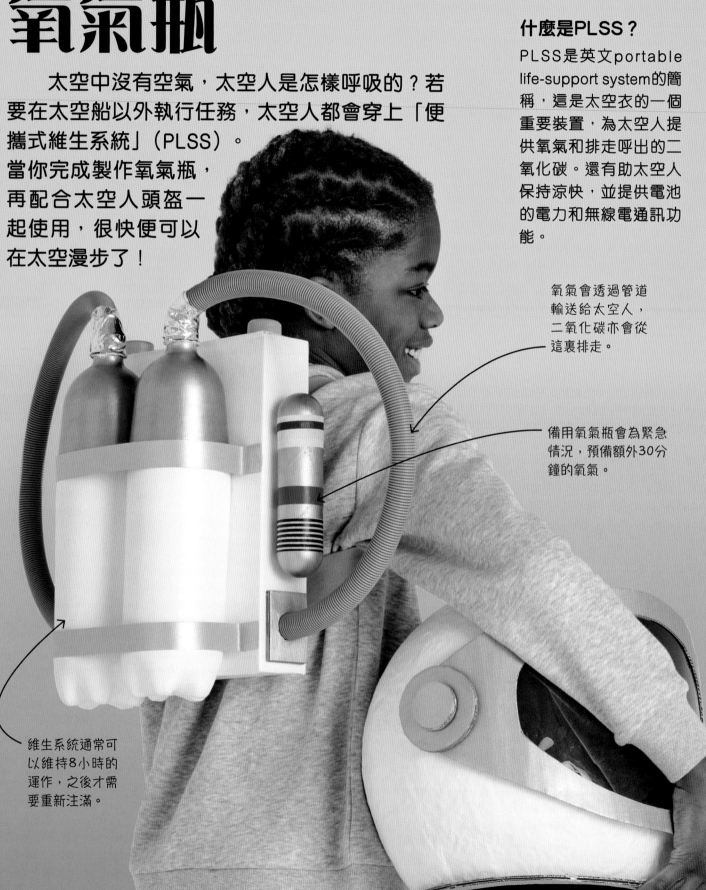

太空中沒有空氣，太空人是怎樣呼吸的？若要在太空船以外執行任務，太空人都會穿上「便攜式維生系統」（PLSS）。當你完成製作氧氣瓶，再配合太空人頭盔一起使用，很快便可以在太空漫步了！

什麼是PLSS？

PLSS是英文portable life-support system的簡稱，這是太空衣的一個重要裝置，為太空人提供氧氣和排走呼出的二氧化碳。還有助太空人保持涼快，並提供電池的電力和無線電通訊功能。

氧氣會透過管道輸送給太空人，二氧化碳亦會從這裏排走。

備用氧氣瓶會為緊急情況，預備額外30分鐘的氧氣。

維生系統通常可以維持8小時的運作，之後才需要重新注滿。

製作你專屬的 氧氣瓶

回收箱中說不定可找到這個項目所需的材料。我們會用空汽水瓶作為氧氣瓶，用舊膠管或軟管來造管道。你將會像背書包一樣背起氧氣瓶，所以要確保彈力帶有足夠長度。

實驗工具：

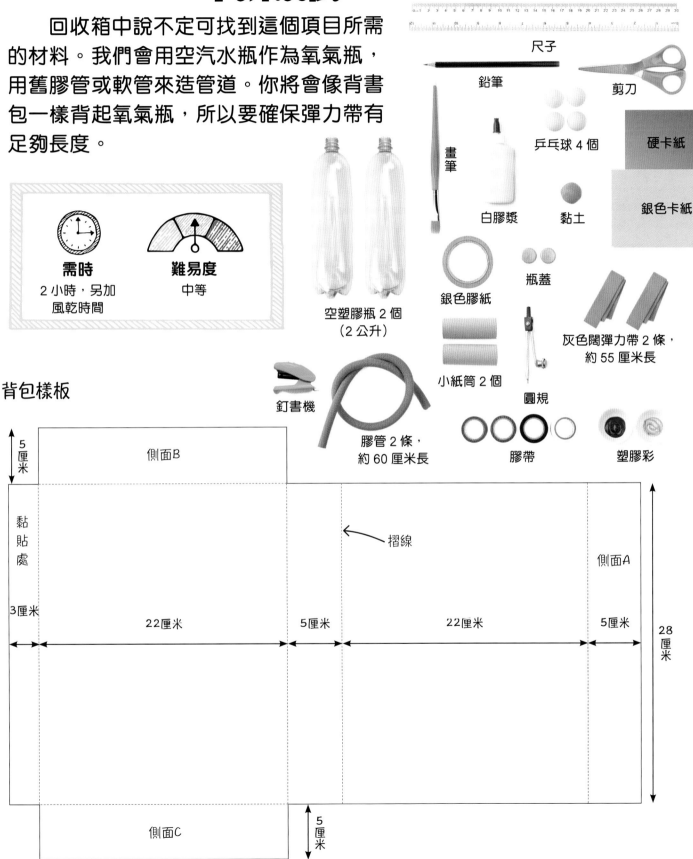

需時
2 小時，另加
風乾時間

難易度
中等

尺子

鉛筆

剪刀

畫筆

乒乓球 4 個

硬卡紙

白膠漿　黏土

銀色卡紙

空塑膠瓶 2 個
（2 公升）

銀色膠紙

瓶蓋

圓規

灰色闊彈力帶 2 條，
約 55 厘米長

釘書機

膠管 2 條，
約 60 厘米長

小紙筒 2 個

膠帶

塑膠彩

背包樣板

5 厘米

側面B

黏貼處

3厘米

摺線

側面A

22厘米　　5厘米　　22厘米　　5厘米

28 厘米

側面C

5 厘米

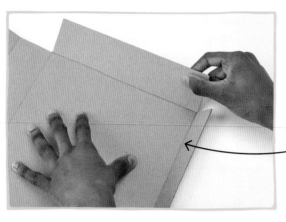

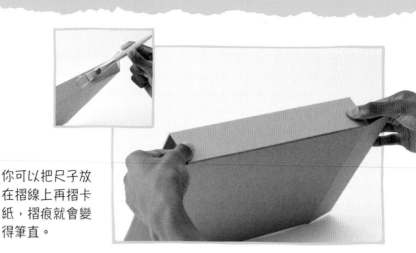

你可以把尺子放在摺線上再摺卡紙,摺痕就會變得筆直。

1 要製作背包,首先將樣板複製到硬卡紙上。剪下來,沿着摺線將卡紙往內摺。

2 在黏貼處塗上白膠漿,然後將卡紙摺成一個盒,將側面 A 貼在黏貼處上。用力按壓至乾透。

真實儀器中,反光的白色塗層能防止PLSS在猛烈的陽光下過熱。

3 將側面 B 和側面 C 都摺上來,用皺紋膠紙貼好,盒子就成形了。

4 將盒子塗上白色。你需要塗兩層顏料才能令它變得雪白。

PLSS必定有兩個氧氣瓶,確保太空人有足夠氧氣。

保留瓶蓋,在步驟30會用到。

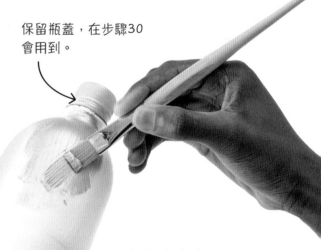

5 我們會運用兩個塑膠瓶來作為主氧氣瓶,將瓶身塗成白色。你需要塗兩層顏料來加深顏色。

6 在瓶身上方三分之一部分,塗銀色。

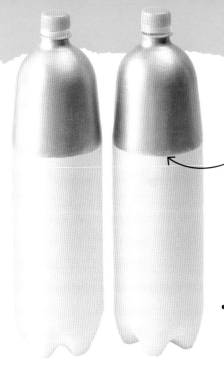

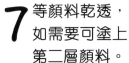

這條線即使有點歪斜也不要緊，稍後會被覆蓋。

7 等顏料乾透，如需要可塗上第二層顏料。

8 製作兩個備用氧氣瓶，每一個都是將兩個乒乓球貼在小紙筒的兩端。等白膠漿乾透後，將兩個備用氧氣瓶都塗成銀色。

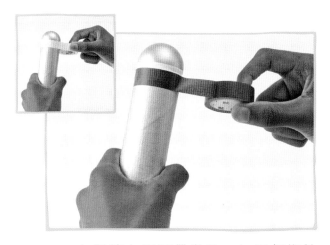

保持條紋與紙筒形成直角，令膠帶與膠帶之間能保持平行。

9 在紙筒上用膠帶裝飾。如果想條紋看上去窄一點，可以用另一顏色的膠帶疊在原本的膠帶上。

10 小心地將膠帶圍着紙筒繞一圈，留意膠帶兩端能否整齊地連接。

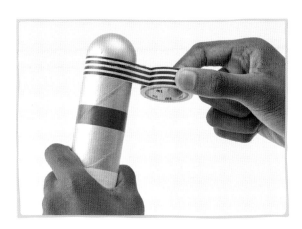

11 隨你喜歡加上不同顏色或效果。如果沒有膠帶，可以用有色的皺紋膠紙。

12 裝飾完第一個紙筒後，在第二個紙筒上添上同樣的花紋，這樣就有一對備用氧氣瓶了。

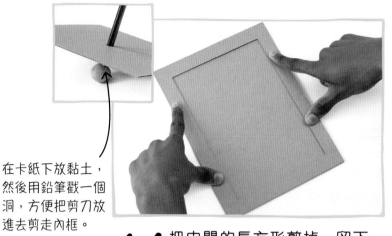

在卡紙下放黏土，然後用鉛筆戳一個洞，方便把剪刀放進去剪走內框。

13 在硬卡紙剪下兩個闊 18 厘米、長 24 厘米的長方形。在其中一個長方形中，畫一個每邊短 2 厘米的長方形。

14 把中間的長方形剪掉，留下一個邊框。將邊框對齊四邊貼在另一張較大的長方形卡紙上。

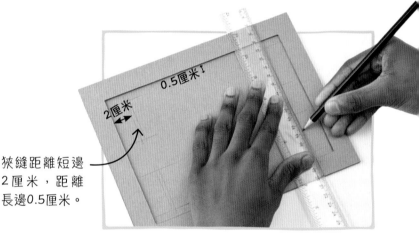

狹縫距離短邊 2 厘米，距離長邊 0.5 厘米。

15 將彈力帶放進邊框，在長邊以外 0.5 厘米位置畫四條短直線標記闊度。然後在邊框下方重複標記。

16 在四個角落畫上一條橫向的 0.5 厘米狹縫。

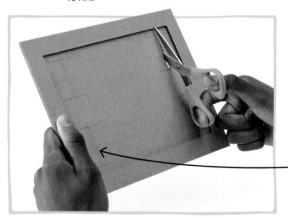

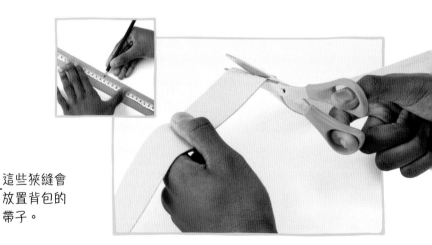

這些狹縫會放置背包的帶子。

17 用鉛筆在四條狹縫戳一個洞（參考步驟 14），然後把剪刀放進去，小心地剪出狹縫。

18 量度並剪出兩條彈力帶，確保它們的長度足夠讓你背起。預備額外 2.5 厘米作重疊位置。

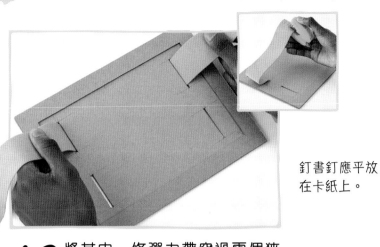

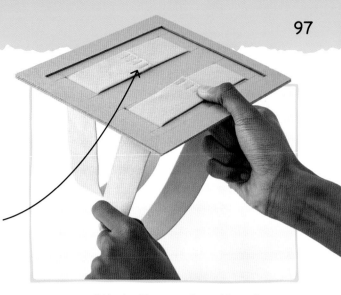

釘書釘應平放
在卡紙上。

19 將其中一條彈力帶穿過兩個狹縫，然後將彈力帶的兩端重疊2.5 厘米，用釘書機釘在一起。

20 重複步驟 19，處理第二條彈力帶。調整兩條彈力帶的位置，令釘書釘在邊框中間對齊。

兩條對角線交叉
的位置，就是中
間點。

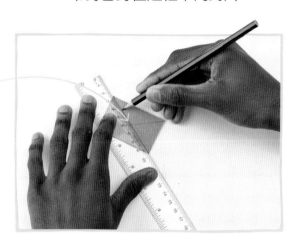

21 用白膠漿將邊框貼在白色盒子上。按壓至膠水乾透。

22 製作膠管接駁器。在硬卡紙剪下六個長 6 厘米、闊 4 厘米的長方形。在長方形上畫兩條對角線，找出中間點。

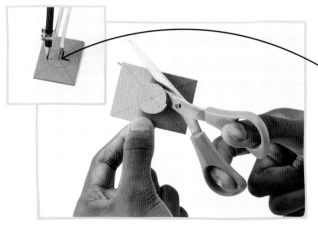

將圓規放在中
心點上——兩
條線交匯的位
置。

23 量度膠管的直徑。用圓規在中間點畫一個同樣尺寸的圓形，然後把它剪出來。

24 將每三塊長方形疊起並貼起來，按壓至膠水乾透。會得到兩個厚長方形，把兩個長方形塗上一至兩層銀色，等待乾透。

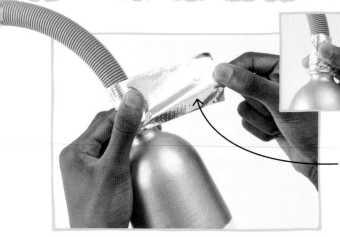

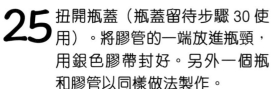

使用銀色膠帶，或將膠帶塗上銀色。

25 扭開瓶蓋（瓶蓋留待步驟 30 使用）。將膠管的一端放進瓶頸，用銀色膠帶封好。另外一個瓶和膠管以同樣做法製作。

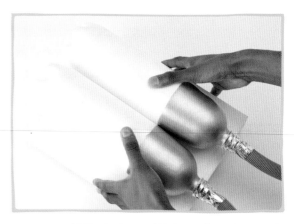

26 將兩個瓶子拼在一起，瓶頸向着自己，黏貼在白色盒子上。按壓直至白膠漿乾透。

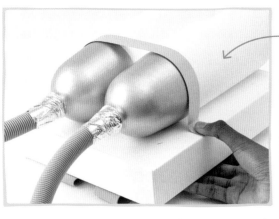

一個重型背包能像保護盾般保護太空人，防止他們受到太空中危險的輻射侵害。

27 剪下兩條 2.5 厘米闊的銀色卡紙。將它們固定在瓶子的上端和下端，把過長的部分剪掉。

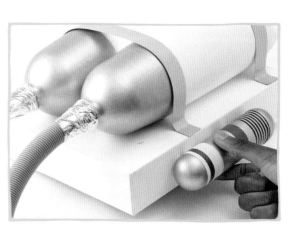

28 接着，將備用氧氣瓶貼在盒子的兩側，留意兩個氧氣瓶的高度要一致。按壓直至膠水乾透。

29 將膠管的另一端開口放進步驟 22 至 24 所做的膠管接駁器。用白膠漿貼起它們。

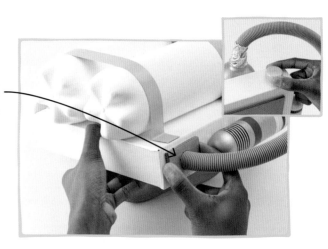

將接駁器放在備用氧氣瓶下。

30 將接駁器貼在盒子兩側，確保高度一致。最後，將瓶蓋貼在盒子的上端。

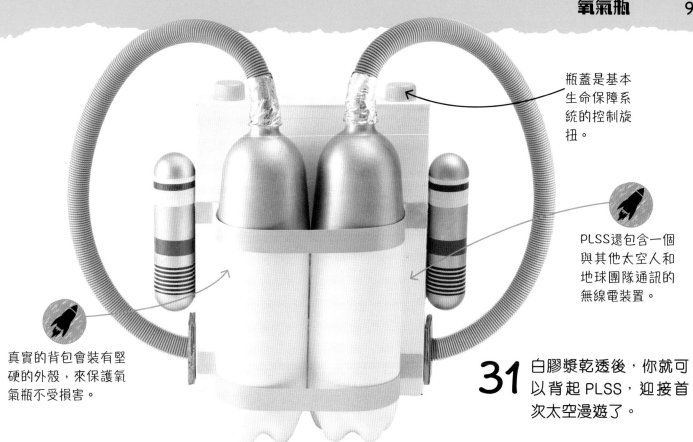

瓶蓋是基本生命保障系統的控制旋扭。

PLSS還包含一個與其他太空人和地球團隊通訊的無線電裝置。

真實的背包會裝有堅硬的外殼,來保護氧氣瓶不受損害。

31 白膠漿乾透後,你就可以背起 PLSS,迎接首次太空漫遊了。

太空科學
在太空裏生存

太空衣讓太空人可以在太空船外工作,而便攜式維生系統是太空衣的其中一部分。一旦戴起頭盔,太空衣又密封起來,便攜式維生系統便會開始管理太空人的空氣供應。太空人要花上一個小時來穿上整套太空衣,當他們由熾熱的太陽下移動到寒冷的陰暗處時,太空衣就能幫助他們控制體溫。

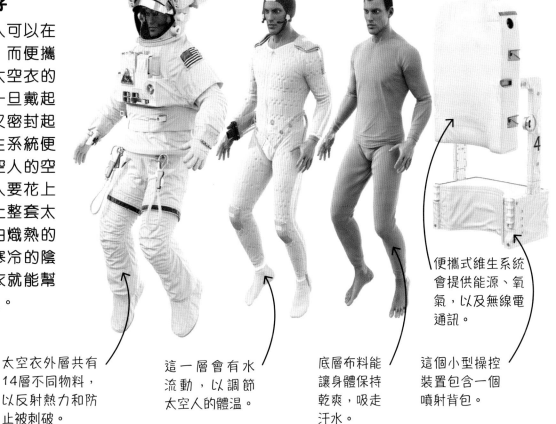

太空衣外層共有14層不同物料,以反射熱力和防止被刺破。

這一層會有水流動,以調節太空人的體溫。

底層布料能讓身體保持乾爽,吸走汗水。

便攜式維生系統會提供能源、氧氣,以及無線電通訊。

這個小型操控裝置包含一個噴射背包。

探索吧！
月球探測車

　　附有車輪的探測器能幫助我們認識其他星球。我們即將製作的模型，其意念來自太空人未來用作長時間探索月球的探測車。真正的探測車是由電池和太陽能驅動的，但這一輛探測車則由你和兩條橡皮圈所驅動！

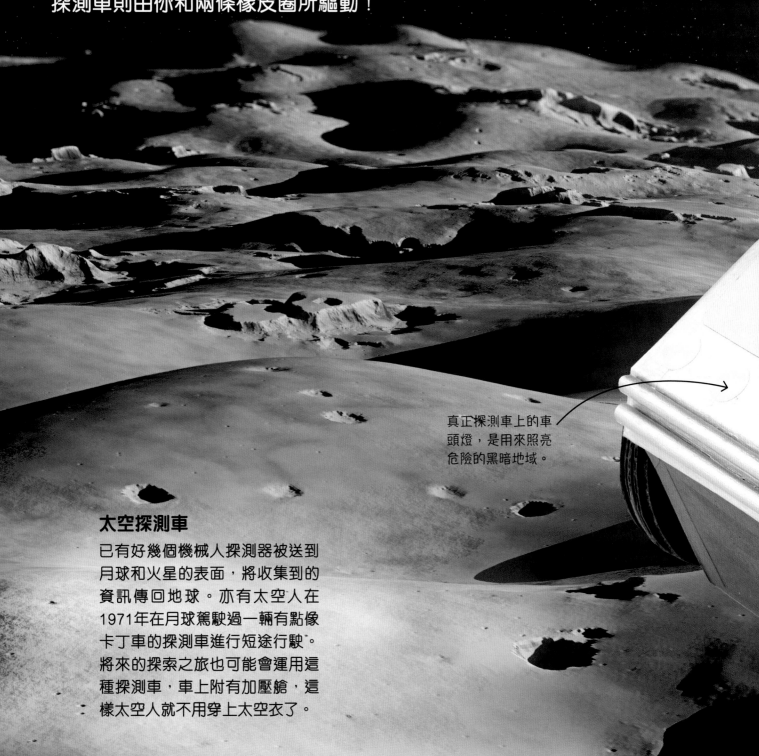

真正探測車上的車頭燈，是用來照亮危險的黑暗地域。

太空探測車

已有好幾個機械人探測器被送到月球和火星的表面，將收集到的資訊傳回地球。亦有太空人在1971年在月球駕駛過一輛有點像卡丁車的探測車進行短途行駛。將來的探索之旅也可能會運用這種探測車，車上附有加壓艙，這樣太空人就不用穿上太空衣了。

可以按你的喜好，
在探測車上隨意加
上控制板和工具。

可以透過觀察
用的圓頂看到
星球表面。

製作你專屬的
月球探測車

它由橡皮筋所驅動。將探測車往後拉，橡皮筋就會拉緊；當你放手，它儲起的能量就會把探測車推前。

需時	難易度	警告
2.5 小時	困難	請大人幫忙切開乒乓球

樣板

複製和放大這個樣板，可以先在你的卡紙上畫較大的方格網。然後將每個方格裏的圖形複製到卡紙上方格裏。

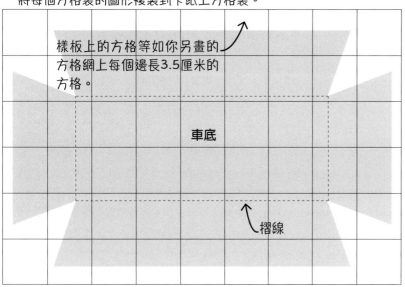

樣板上的方格等如你另畫的方格網上每個邊長3.5厘米的方格。

車底

摺線

實驗工具：

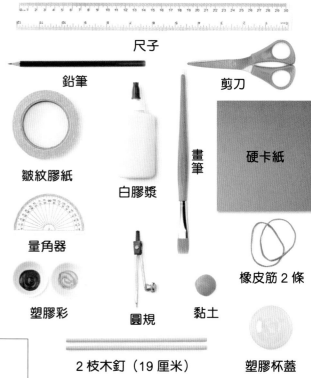

尺子

鉛筆

剪刀

皺紋膠紙

白膠漿

畫筆

硬卡紙

量角器

塑膠彩

圓規

黏土

橡皮筋 2 條

2 枝木釘（19 厘米）

塑膠杯蓋

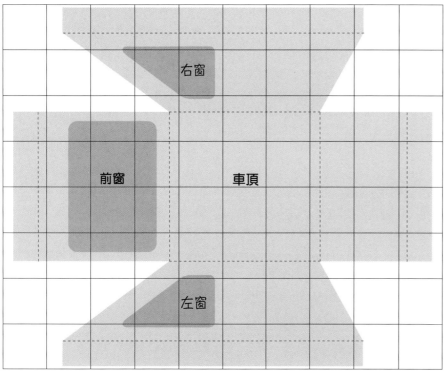

右窗

前窗

車頂

左窗

額外工具

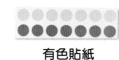

4 枝木釘（11 厘米）

木釘（6 厘米）

木釘（10 厘米）

圖釘 2 顆

裝飾用的小傘

銀色膠帶

切開一半的乒乓球

竹籤

黃色或金色卡紙

有色貼紙

製作底部

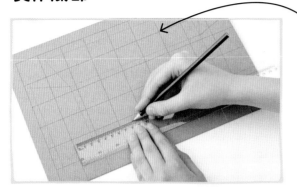

將樣板的形狀複製過去這些大正方形內，整個形狀就會放大。

1 在硬卡紙上，畫上每個正方形為邊長 3.5 厘米的方格網。運用方格網來幫助你複製車底的樣板形狀到硬卡紙上。

在四角畫上方形後，會讓你更容易量度剪裁的位置。

2 沿着外框剪下車底外形。把摺線的紅色虛線延長至卡紙邊緣，畫出一個正方形。

3 沿摺線將車底摺起，檢查角落位置是否能貼合（可以用尺子幫忙令摺線變筆直）。

2厘米

3厘米

在底部的長邊兩端，各戳一個洞。

4 在車底的每個長邊，從外側標記 2 厘米闊的位置，從角延線量度 3 厘米。在四個標記上戳一個洞。

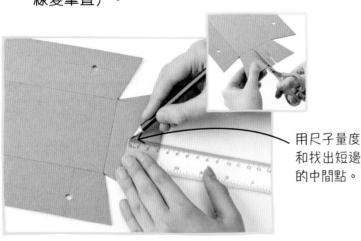

用尺子量度和找出短邊的中間點。

5 在其中一個短邊的中間點兩側，各 0.5 厘米處，從邊緣向上畫一條 2.5 厘米的直線。在兩條線上剪出狹縫。

6 將四邊摺起來，像步驟 3 那樣，這次用皺紋膠紙來固定所有接口。

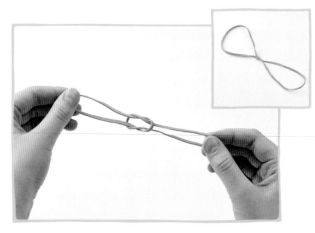

7 將兩條結實的橡皮筋套在一起，然後往兩邊拉緊，使中間打結。

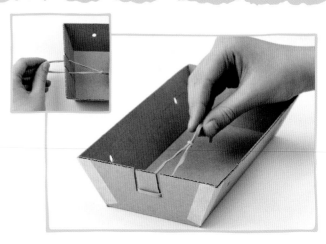

8 將其中一個圈套進狹縫內，然後將橡皮筋拉好，使它平整。

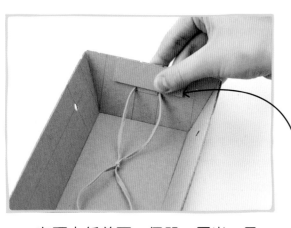

這紙片能加固你的探測車，也能固定橡皮筋在原位。

9 在硬卡紙剪下一個闊 2 厘米、長 6 厘米的小長方形。用白膠漿將它貼在狹縫和橡皮筋上，按壓至固定。

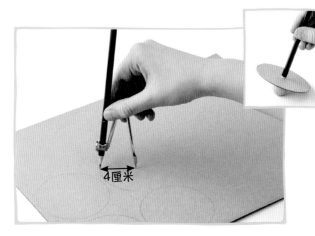

4厘米

10 製作車輪。在硬卡紙畫上和剪出 24 個半徑 4 厘米的圓形。在每個圓形下放黏土，於中間用鉛筆戳洞。

你可以拿着輪子中間的部分，因為中間不用上色。

疊起時要對齊中間的洞口。

11 對準所有洞口，將每六個圓形疊起並黏貼，製成第一個車輪。重複這個步驟，用其餘的 18 個圓形做另外三個車輪。

12 將車輪塗上黑色，邊緣也要上色。但洞口附近則不用上色，因為那裏會以輪圈蓋來覆蓋。等待它乾透。

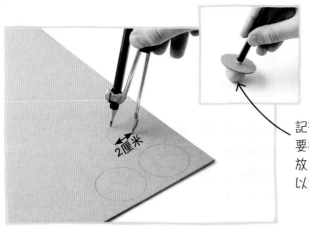

記得戳洞時
要在卡紙下
放置黏土，
以策安全。

13 製作輪圈蓋。在硬卡紙畫上和
剪出四個半徑 2 厘米的圓形和
四個半徑 1 厘米的圓形。在每
個圓形中間戳洞。

14 將四個小圓形分別貼到大圓形
上，對齊洞口。待白膠漿乾透
後，整個塗上銀色。

在工程學，這稱
為軸——以一條
簡單的杆連接兩
個輪子。

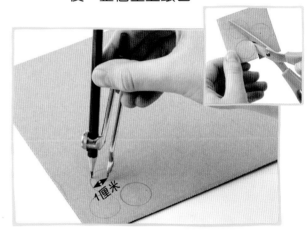

15 將木釘推進其中一個車輪，木
釘要凸出約 1 厘米。用白膠漿
固定後，再將另一根木釘放進
另一個車輪。

16 在硬卡紙畫上和剪出四個半徑
1 厘米的圓形。在圓形中間戳
洞。這會是車輪的止動器。

18 在木釘另一側貼上另一個車輪。
調整止動器的位置，放在兩側，
固定車輪。

17 在車底接近橡皮筋的一側，將
木釘推入其中一邊的洞。然後
將兩個止動器穿在木釘上，再
將木釘穿過車底另一側的洞。

在止動器前留
足夠空間，讓
車輪可以自由
轉動。

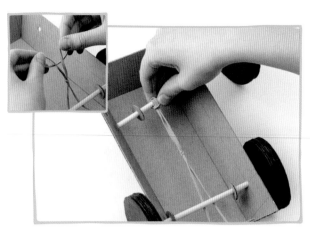

19 將第二根木釘穿過另一端的洞，然後放一個止動器。將橡皮筋在木釘套一圈，然後再放一個止動器。

橡皮圈延展時，會儲起能量來推動探測車。

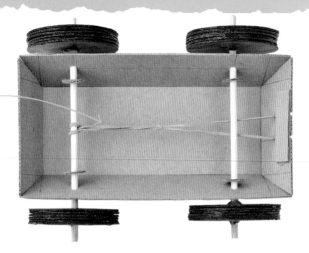

20 將木釘穿過另一邊的洞，然後將最後的車輪貼上。調整止動器的位置，然後把它們黏好固定。

21 最後，將你在步驟13至14製作的四個輪圈蓋套進木釘的末端，黏貼在車輪上。按壓至固定好。

製作車頂

畫一個方格網，每個正方形的邊長為3.5厘米。

兩條對角線相遇的地方，就是中心點。

1 製作車頂，同樣畫一個方格網，將車頂的樣板複製到硬卡紙上。把車頂外形剪下來。在中央的正方形畫兩條對角線，找出中點。

2 將塑膠杯蓋放在中心點上，用鉛筆繞它畫一圈。這將是探測車的觀察圓頂。

3 剪一個比鉛筆線稍小的圓。將杯蓋從底部推出來，用白膠漿固定。

真實探測車上的窗戶，會有一層反射塗層，阻擋太陽的強光。

4 沿摺線將卡紙摺起，然後用皺紋膠紙固定接口位置。

5 將車頂內塗上黑色顏料，待乾透後，可再塗一層加深顏色。

組裝探測車

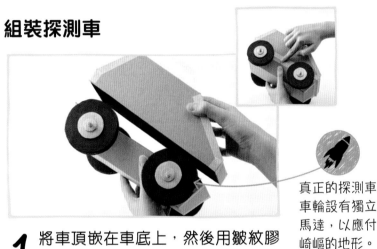

真正的探測車車輪設有獨立馬達，以應付崎嶇的地形。

1 將車頂嵌在車底上，然後用皺紋膠紙將它們貼在一起。可按壓一下車身來測試它的結構是否穩固。

2 可添加探測車的細節。例如將兩根11厘米長的木釘用白膠漿貼在車頭的皺紋膠紙上，並將另外兩根貼在車尾。

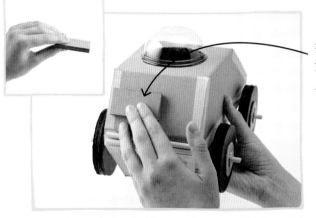

塗上顏色後，這就像探測車上的控制板。

請大人幫忙將乒乓球切成一半。

3 在硬卡紙上剪下八個闊2厘米、長6厘米的長方形。將每四個長方形黏貼在一起成兩個厚長方形。將其中一個厚長方形貼在車背，一個貼在車側。

4 將半個乒乓球貼在探測車背，在控制板旁。按壓至白膠漿乾透。

塑膠圓頂不
用上色。

5 將車底塗上黑色,將木釘塗上銀色。

6 接着,將探測車的
上半部塗上銀色。

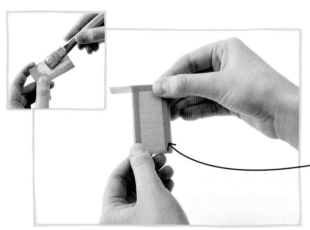

顏料乾透後,
用銀色和紙膠
帶裝飾四邊。

7 在硬卡紙上剪下一塊闊 3 厘米、長
6 厘米的長方形,塗上銀色。用膠
帶包邊,將它貼在 10 厘米木釘上,
把木釘也塗上銀色。

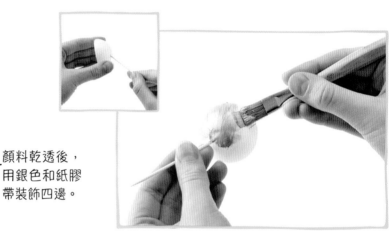

8 製作接收器。將竹籤貼在另外半個
乒乓球上,然後整個塗上銀色。

如果沒有銀色的
小傘,可以將其
他顏色的小傘塗
成銀色。

9 製作一隻碟形衞星天線:將裝飾用
小傘打開,剪走竹籤。將 6 厘米長
的木釘貼在傘頂,將木釘塗成銀色。

10 用方格網將第 102 頁的窗形複
製並剪下來。把它貼在適當位
置,並加上圓形黃色貼紙作車
頭燈。

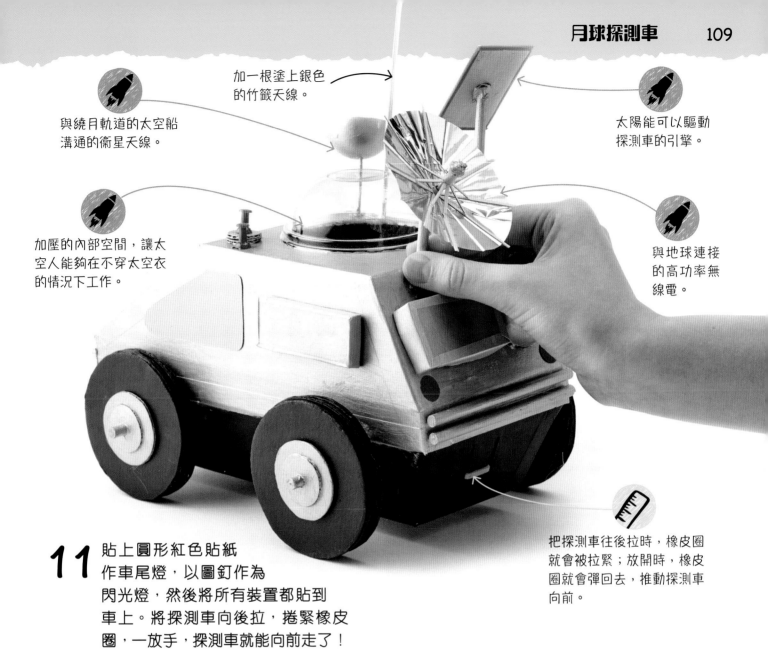

加一根塗上銀色的竹籤天線。

與繞月軌道的太空船溝通的衛星天線。

太陽能可以驅動探測車的引擎。

加壓的內部空間,讓太空人能夠在不穿太空衣的情況下工作。

與地球連接的高功率無線電。

11 貼上圓形紅色貼紙作車尾燈,以圖釘作為閃光燈,然後將所有裝置都貼到車上。將探測車向後拉,捲緊橡皮圈,一放手,探測車就能向前走了!

把探測車往後拉時,橡皮圈就會被拉緊;放開時,橡皮圈就會彈回去,推動探測車向前。

太空科學
車輛設計

1970年代,NASA的開放式月球探測車,成功令參與阿波羅登陸月球任務的太空人在月面上走得更遠,他們也收集到更多的岩石樣本。在地球上進行的沙漠實驗證實,密閉的交通工具將會更好地幫助未來的太空人。最新的月球和火星的探測車設計,都設有給太空人活動的密閉空間,亦有六個車輪來令探測車行走得更穩定。

阿波羅月球車

NASA「小型加壓探測車」

NASA「火星探測車導航者」

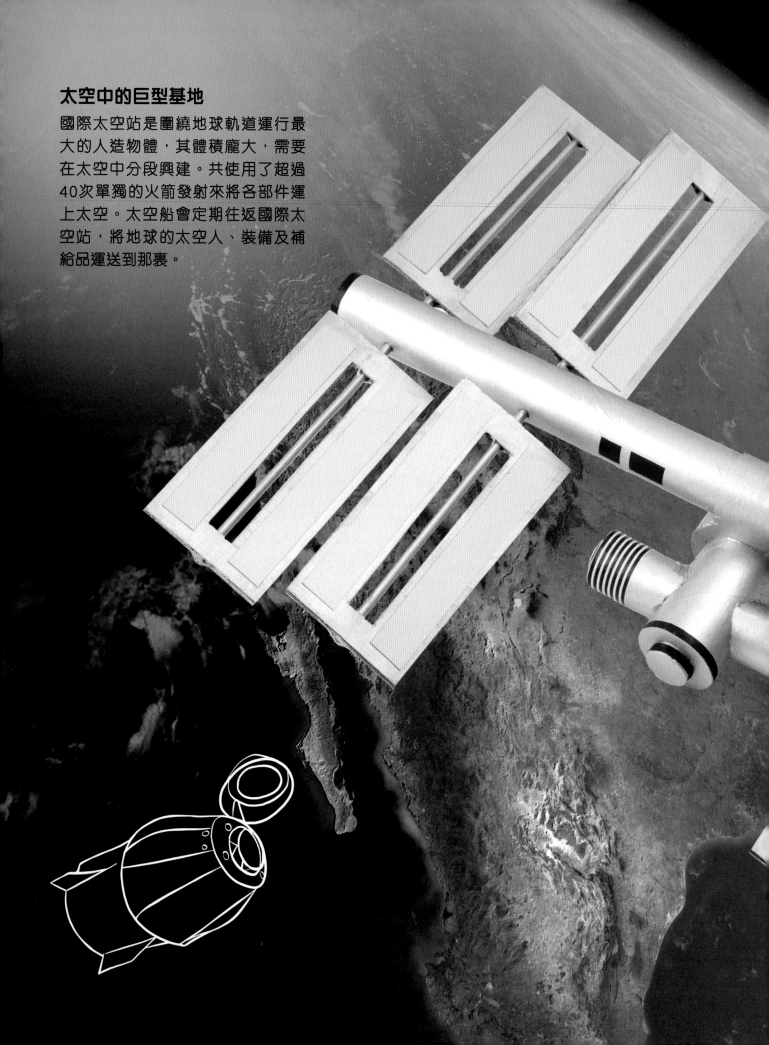

太空中的巨型基地

國際太空站是圍繞地球軌道運行最大的人造物體，其體積龐大，需要在太空中分段興建。共使用了超過40次單獨的火箭發射來將各部件運上太空。太空船會定期往返國際太空站，將地球的太空人、裝備及補給品運送到那裏。

建立你的太空基地
國際太空站

國際太空站（International Space Station, ISS）是航天工程的驚人壯舉。國際太空站由 15 個不同國家攜手合作，花了共 13 年的時間來興建；但這個模型，你只需用幾個小時就能夠完成。

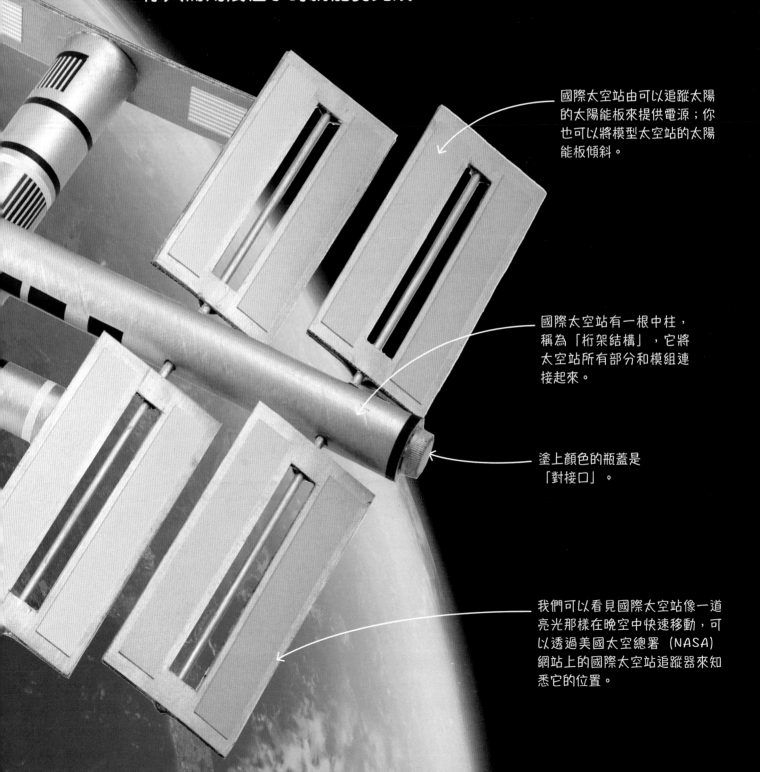

國際太空站由可以追蹤太陽的太陽能板來提供電源；你也可以將模型太空站的太陽能板傾斜。

國際太空站有一根中柱，稱為「桁架結構」，它將太空站所有部分和模組連接起來。

塗上顏色的瓶蓋是「對接口」。

我們可以看見國際太空站像一道亮光那樣在晚空中快速移動，可以透過美國太空總署（NASA）網站上的國際太空站追蹤器來知悉它的位置。

製作你專屬的 **太空站**

　　這個模型是透過環環相扣的卡紙筒製作的，另外還會以木釘把可旋轉的「太陽能板」固定在卡紙筒上。你也可以隨意加上喜愛的裝飾。

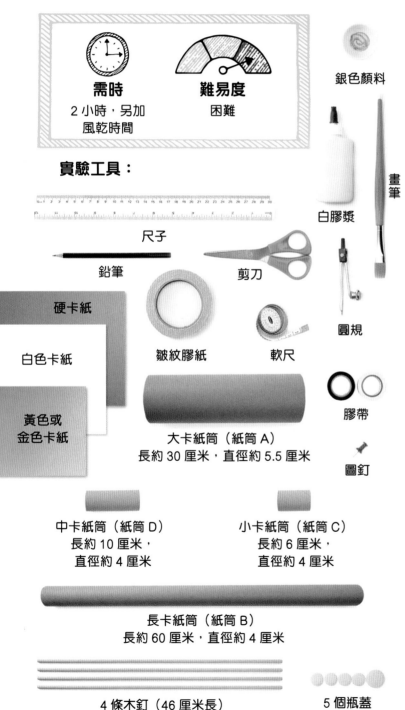

需時
2 小時，另加
風乾時間

難易度
困難

實驗工具：

尺子

鉛筆

剪刀

硬卡紙

白色卡紙

黃色或
金色卡紙

皺紋膠紙

軟尺

白膠漿

畫筆

圓規

銀色顏料

膠帶

圖釘

大卡紙筒（紙筒 A）
長約 30 厘米，直徑約 5.5 厘米

中卡紙筒（紙筒 D）
長約 10 厘米，
直徑約 4 厘米

小卡紙筒（紙筒 C）
長約 6 厘米，
直徑約 4 厘米

長卡紙筒（紙筒 B）
長約 60 厘米，直徑約 4 厘米

4 條木釘（46 厘米長）

5 個瓶蓋

1 量度紙筒 A 的直徑，然後除以 2，得出半徑。在一張大約長 25 厘米、闊 10 厘米的卡紙上，用圓規畫一個同樣半徑的圓形。

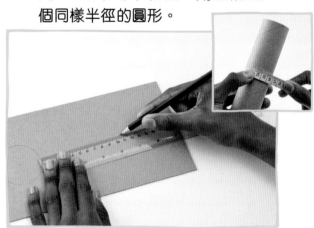

2 從圓形延伸一條橫跨卡紙的直線。量度紙筒 B 的圓周，將圓周減 2 厘米，然後在線上標記這個長度。

3 將圓規設置成步驟 1 的半徑，讓鉛筆能碰到步驟 2 的標記，然後將圓規的圓心放在線上，畫一個圓形。

4 在兩個圓形外，各自多畫一個半徑比它們長 1cm 的圓。

5 在中線的左右兩側各畫一條相距 2 厘米的平行線。沿外線將整個圖形剪下，並將內圓剪出來。

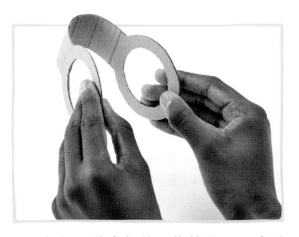

6 輕輕屈曲卡紙的長條位置，形成弧形。這將會是將紙筒 A 和紙筒 B 連接在一起的裝置。

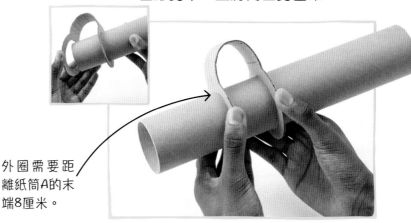

外圈需要距離紙筒A的末端8厘米。

7 將連接器的兩個紙圈套進紙筒 A，然後慢慢移動紙圈，直至紙圈與紙筒 A 的一端相距 8 厘米。

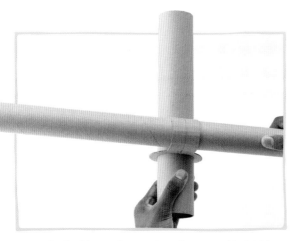

8 將紙筒 B 穿過弧形部分，使紙筒 B 與紙筒 A 形成直角。紙筒 B 是桁架結構，而紙筒 A 是主要的模組。

將紙筒B的開口放在紙條一端，用鉛筆沿着曲線畫線；另一邊同樣做法。

9 在白色卡紙畫一個闊 4 厘米、長 22 厘米的長方形紙條，並剪出來。在紙條的兩側末端，沿紙筒 B 畫上曲線並剪裁，令紙條末端呈半圓形。

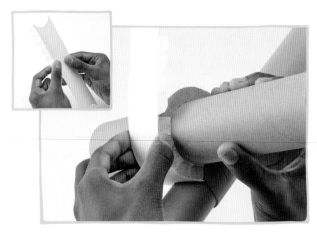

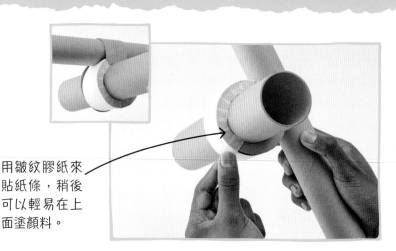

用皺紋膠紙來貼紙條，稍後可以輕易在上面塗顏料。

10 將撕成小片的皺紋膠紙貼在紙條的長邊。把紙條放在連接器的兩個紙圈上，並將皺紋膠紙貼在其中一個圈上。

11 貼好紙條的一邊後，重複步驟，貼住另一個紙圈。

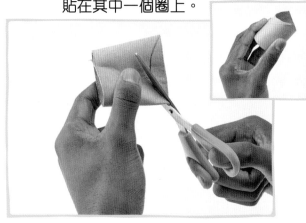

12 製作太空站的另一模組。將紙筒 C 的一端壓平，畫弧形。沿弧形剪裁，再把紙筒回復原狀。

13 將紙筒 C 平直的開口處放在硬卡紙上。沿邊緣畫圓，並將圓形剪下。

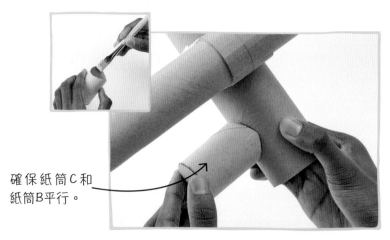

確保紙筒 C 和紙筒 B 平行。

14 在圓形紙的邊緣塗上白膠漿，貼在紙筒 C 平直的開口處來加固它。按壓至白膠漿乾透。

15 將紙筒 C 的弧形開口處貼在紙筒 A 上，位置是步驟 7 中 8 厘米的一半距離。

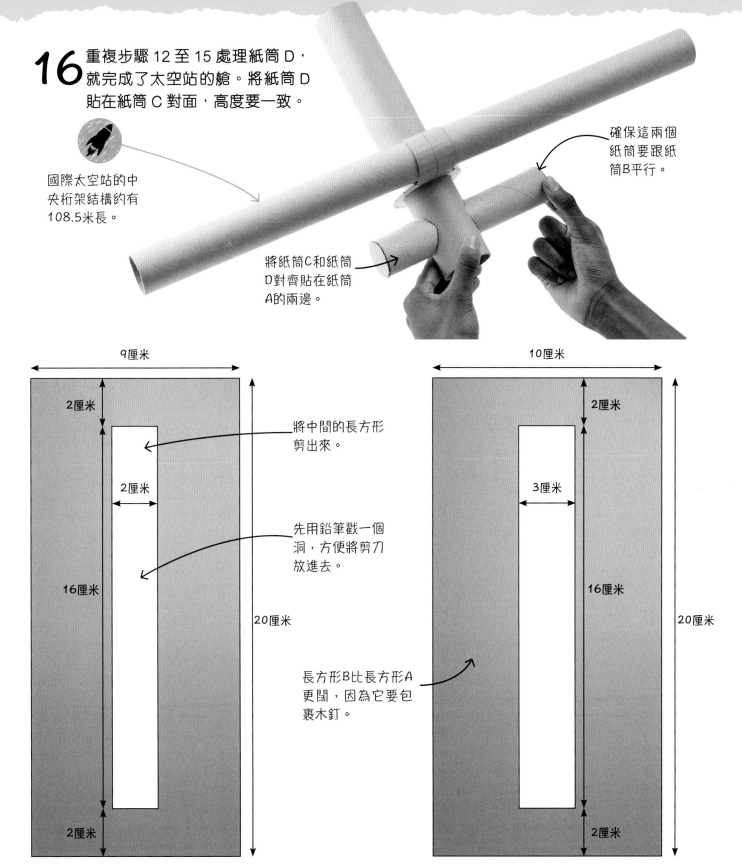

16 重複步驟 12 至 15 處理紙筒 D，就完成了太空站的艙。將紙筒 D 貼在紙筒 C 對面，高度要一致。

國際太空站的中央桁架結構約有 108.5米長。

確保這兩個紙筒要跟紙筒B平行。

將紙筒C和紙筒D對齊貼在紙筒A的兩邊。

9厘米

2厘米

2厘米

16厘米

2厘米

20厘米

將中間的長方形剪出來。

先用鉛筆戳一個洞，方便將剪刀放進去。

10厘米

2厘米

3厘米

16厘米

2厘米

20厘米

長方形B比長方形A更闊，因為它要包裹木釘。

17 製作太陽能板。首先在硬卡紙畫上並剪下八個這樣的長方形（上圖，長方形 A）。

18 畫下並剪下另外八個稍闊一點的長方形（上圖，長方形 B）。

19 將太陽能板組合到太空站上，先在四個長方形 A 的兩端塗上白膠漿，將四根木釘各自貼在上面，待乾透。

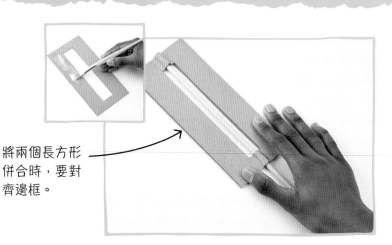

將兩個長方形併合時，要對齊邊框。

20 將四個長方形 B 分別貼在四個長方形 A 上，在木釘的位置按壓卡紙使它能貼合木釘形狀，木釘應該夾在兩個長方形中。

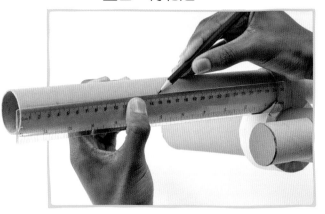

21 在紙筒 B 一側畫一條線，從兩邊開口算起，在直線上 4 厘米和 15 厘米的位置分別畫上標記，這一側應有四個標記。

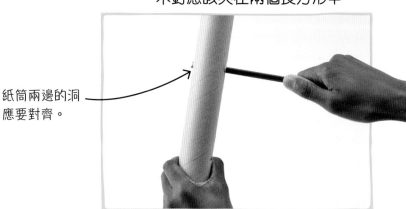

紙筒兩邊的洞應要對齊。

22 重複步驟 21，在紙筒的另一側畫上同樣的標記。用鉛筆在全部八個標記的位置戳洞。

23 小心地將四枝木釘推進紙筒 B 的四對洞口。

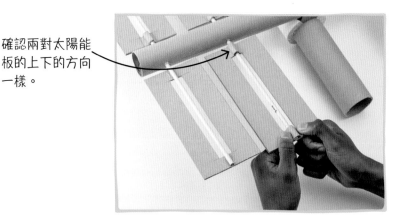

確認兩對太陽能板的上下的方向一樣。

24 重複步驟 19 至 20，在木釘凸出的部分，即紙筒 B 的另一面製作餘下四塊太陽能板。

將紙圓貼在紙筒A最接近紙筒C和紙筒D的開口。

25 以紙筒A的直徑在紙卡上畫一個圓形（見步驟1），剪下圓形後貼在紙筒A的末端。再多剪兩個圓形貼在紙筒B的兩端。

26 在卡紙上剪下兩個長23厘米、闊6厘米的長方形。將它們貼在一起增加厚度，然後將它貼在紙筒A的開口。待乾透。

27 將瓶蓋貼在紙筒的末端，作為「對接口」。接着，你就可以為太空站上色了。

國際太空站在距離地球約330至410公里的高空圍繞地球軌道運行。

可以轉動木釘來傾斜太陽能板。

太空站的艙裏有不同的部分，包括居住的空間和實驗室。

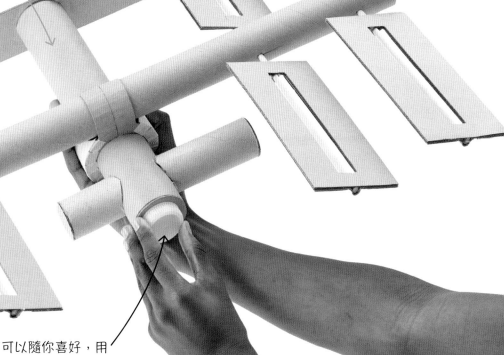

可以隨你喜好，用不同大小的瓶蓋。

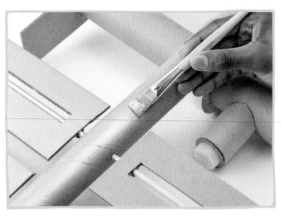

28 將整個太空站塗上銀色，如有需要可再塗一層顏料加深顏色。待乾透。

將金色卡紙貼在太陽能板平的那一面上。

29 在金色卡紙上剪16條闊2.5厘米、長18厘米的紙條。在每塊太陽能板上貼兩條金色卡紙。

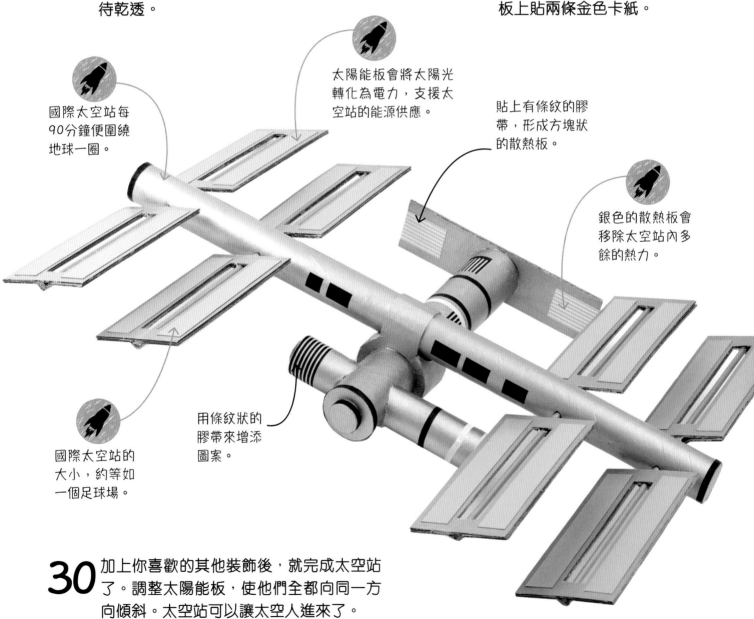

國際太空站每90分鐘便圍繞地球一圈。

太陽能板會將太陽光轉化為電力，支援太空站的能源供應。

貼上有條紋的膠帶，形成方塊狀的散熱板。

銀色的散熱板會移除太空站內多餘的熱力。

國際太空站的大小，約等如一個足球場。

用條紋狀的膠帶來增添圖案。

30 加上你喜歡的其他裝飾後，就完成太空站了。調整太陽能板，使他們全都向同一方向傾斜。太空站可以讓太空人進來了。

太空科學
太空船上的生活

自2000年以來，國際太空站已接待超過260名太空人，他們一般會留在太空站約六個月或以上。太空站最主要的艙是實驗室，太空人會在這裏研究無重狀態下對各樣物質如金屬、晶體、植物、小動物等的影響。他們也會以自己為實驗體，從而了解更多關於將來太空人如何安全健康地探索火星或更遠的地方。

太空人會進行太空漫步，以維修和升級太空站，並在太空的真空狀態中進行實驗。

國際太空站由中央桁架連接，有一系列密封的艙，這些艙的空間，好比一個有六個房間的大屋。

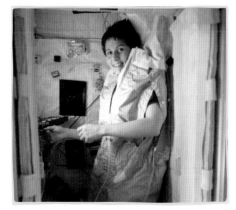

共有七個艙位可以讓太空人在裏面滑進睡袋睡覺，這樣他們睡覺時就不會漂浮起來。

穹頂艙擁有大窗戶，太空人可以在這裏俯瞰地球，是個放鬆的最佳位置。

科學家在研究怎樣在沒有陽光和地球的重力下，在太空種植新鮮食物。

目標正在移近！
太空對接實驗

太空人需要出色的協調能力，而這個實驗正能評估你對軌跡、速度和距離的判斷能力。你能否將黏土球跟目標「對接」呢？

拉動這條繩，黏土球就會從杯子裏掉下。

這條繩會將黏土球送到目標上。

精準地計算在什麼時候放出，才能讓黏土球掉進洞裏。

薄餅盒很適合用來作為目標，或用任何寬闊的盒子也可以。

高速對接

太空船到達國際太空站時，需要在高速移動後對準目標停泊。太空站本身以每小時27,724公里的速度圍繞地球轉動。

製作你專屬的 對接站

我們可用一個薄餅盒來做目標。但你也可用任何在家中現有的材料和裝飾。無論使用什麼材料，只要將球投進洞裏就已充滿了挑戰性！

需時
30 分鐘，另加風乾時間

難易度
中等

實驗工具：

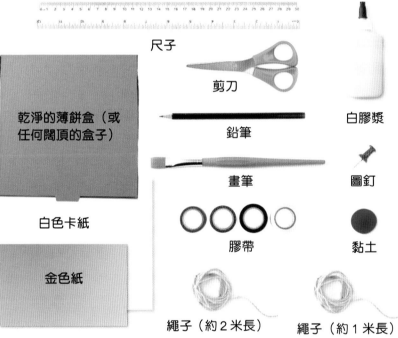

尺子

剪刀

鉛筆

畫筆

白膠漿

圖釘

乾淨的薄餅盒（或任何闊頂的盒子）

白色卡紙

金色紙

膠帶

黏土

繩子（約 2 米長）

繩子（約 1 米長）

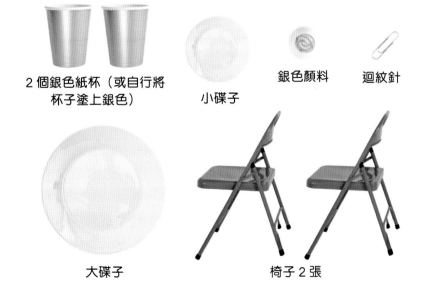

2 個銀色紙杯（或自行將杯子塗上銀色）

小碟子

銀色顏料

迴紋針

大碟子

椅子 2 張

1 將薄餅盒摺好，然後在蓋頂的幾片摺耳上塗白膠漿。將摺耳放進盒子裏，然後用力按壓盒子的四邊。

2 將盒子外層塗成銀色，覆蓋盒子原本的顏色，如有需要可以再塗一層顏料。待乾透。

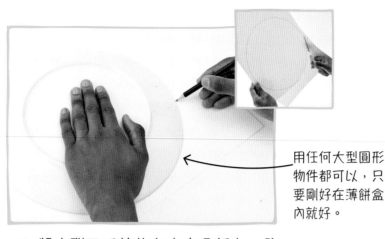

用任何大型圓形物件都可以，只要剛好在薄餅盒內就好。

3 將大碟子反轉放在大白色紙上，然後用鉛筆沿着碟邊畫線，再將這個圓形剪下來。

4 用一個較小的碟子在金色紙上重複步驟 3。（如果沒有金色紙，可以將白紙塗上金色）

對接口附近的圖案有助太空人或電腦瞄準對接目標。

5 在金色圓形塗白膠漿，然後貼在白色圓形的中央位置。按壓至白膠漿乾透。

6 在白色圓形後塗白膠漿，將它貼在銀色盒的中央。按壓至白膠漿乾透。

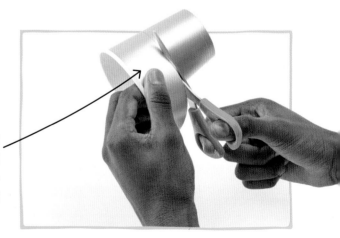

若你不是使用薄餅盒，也可以用同樣做法把杯子剪成跟盒子同樣高度。

7 將紙杯放在薄餅盒旁邊。一邊轉動杯子，一邊將鉛筆放於薄餅盒頂部，在杯上標記一圈。

8 沿着鉛筆線將杯子剪開，令杯子跟薄餅盒的高度一樣。

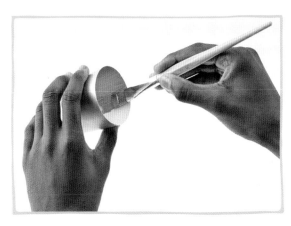

9 將杯子內部塗成銀色。可能需要塗兩層顏料才足以覆蓋原本的顏色，待乾透。

10 將杯子倒轉放在金色圓形的中間。用鉛筆沿杯口在金色紙上畫一圈。

11 用鉛筆在中間的圓形中戳一個洞，然後將剪刀套進去，沿着鉛筆線將圓形剪走。

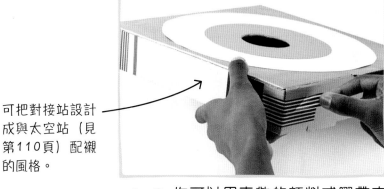

可把對接站設計成與太空站（見第110頁）配襯的風格。

12 你可以用喜歡的顏料或膠帶來裝飾盒子。

13 在杯子底部塗上白膠漿，然後將它放進中間的圓孔，從杯裏按壓底部，直至白膠漿乾透。

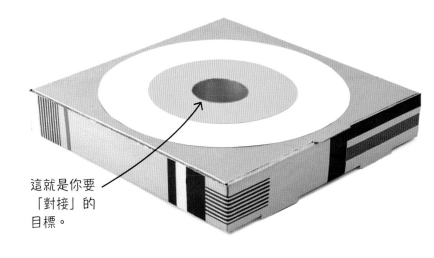

這就是你要「對接」的目標。

14 你的對接站已做好了，目標位置就在中間。接着，你將要製作「執行對接任務的太空船」。

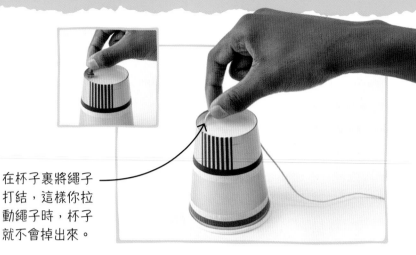

在杯子裏將繩子打結,這樣你拉動繩子時,杯子就不會掉出來。

15 第二個紙杯就是太空船。你可以用膠帶來裝飾它,配合對接站的設計。

16 在杯底邊緣,用圖釘戳一個洞。將較短的繩子穿過洞口,在杯內打結。

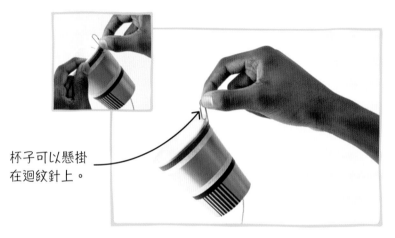

杯子可以懸掛在迴紋針上。

17 用圖釘在杯口邊緣再戳一個洞,這個洞要戳在杯底洞的上方。

18 稍微拉直迴紋針,把它穿過洞口,然後將它壓回原狀。

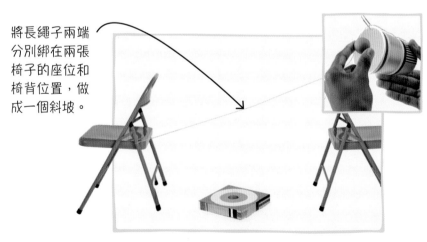

將長繩子兩端分別綁在兩張椅子的座位和椅背位置,做成一個斜坡。

19 將長繩子穿過迴紋針。

20 將對接站放地上位於兩張椅子中間。將長繩子兩端綁於兩張椅子。將黏土球放在杯中,然後將杯子滑到長繩子的最高處。

21 一手拿着短繩子，然後放開杯子讓它下滑。當杯子滑向較低椅子的適當時機，拉動短繩子，使杯子中的黏土球掉下到對接口。

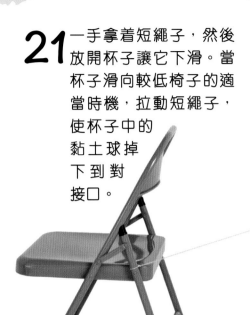

太空船會使用特別的對接系統來控制進入對接口的速度和角度。

在準確的時機拉動繩子，就能使杯子晃動並令球掉下。

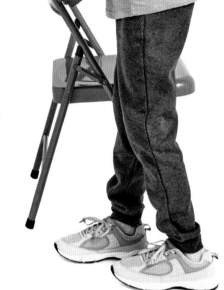

你能成功把球投進洞裏嗎？不行的話，將球放回杯中再試吧！

提升難度

想挑戰一下自己嗎？當真正的太空船來到太空站的對接口時，太空站本身亦在軌道上移動。兩者同時移動就提升了對接難度。你也可以試試類似的實驗。

* 將對接站放在紙上並貼近綁繩位置較矮的椅子。
* 請一位朋友幫忙拉動紙張，讓對接站慢慢在繩下移動。
* 讓杯子沿繩子下滑。杯子和目標往相反方向移動，你能在最適當的時機讓球掉進洞口嗎？

太空科學
太空對接挑戰

要對準太空站這樣的目標，太空船必須精準地微調角度和速度。大火箭的引擎由於衝力太大，難以勝任細緻的工作，因此會使用稱為推進器的小火箭。對接系統會運算跟目標的距離，以及相對速度，然後太空人或電腦會透過目標附近的視像圖案來完成最後的對接。

當探測器碰到目標後，太空船對接系統會立刻鎖上，來固定其位置。

抓抓看
遙控機械臂

你曾想過擁有一隻能延伸的手臂嗎？當你的手指活動時，這隻「機械臂」能複製你的動作。太空大部分機械臂都是遙距控制的，但我們製作的這隻機械臂，就是直接連繫你的大腦。

不妨配合第84頁太空人頭盔的裝飾，塗上白色或銀色。

機械臂

機械工具讓太空人可以遙距進行一些較細緻的任務。國際太空站有數隻外置的機械臂，可以幫助太空人維修太空站外面。這能減少太空人離開太空站的次數，減低風險。

一連串簡單的繩子能將你的手指和機械臂的手指連接起來。

機械臂手指的運作方式跟你的真實手指一樣，拉動繩子，它們就能屈曲起來。

製作你專屬的 機械臂

這個項目會用方格網來轉移和放大樣板的形狀。我們加上了一些裝飾，可以跟太空頭盔（見第84至91頁）配搭，但你可以隨自己喜好，保留原色或設計其他裝飾。

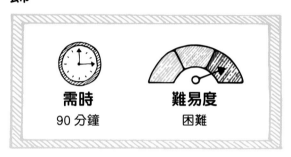

需時
90 分鐘

難易度
困難

實驗工具：

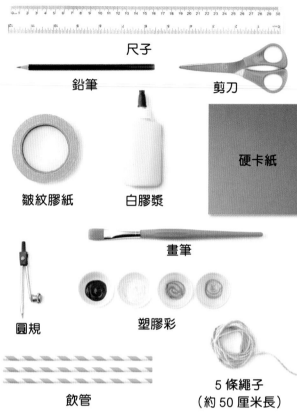

尺子
鉛筆
剪刀
皺紋膠紙
白膠漿
硬卡紙
畫筆
圓規
塑膠彩
飲管
5 條繩子
（約 50 厘米長）

樣板

複製和放大以下的樣板，請在卡紙上畫出較大的方格網。然後將以下每個方格內的形狀複製放大到卡紙上的方格內。

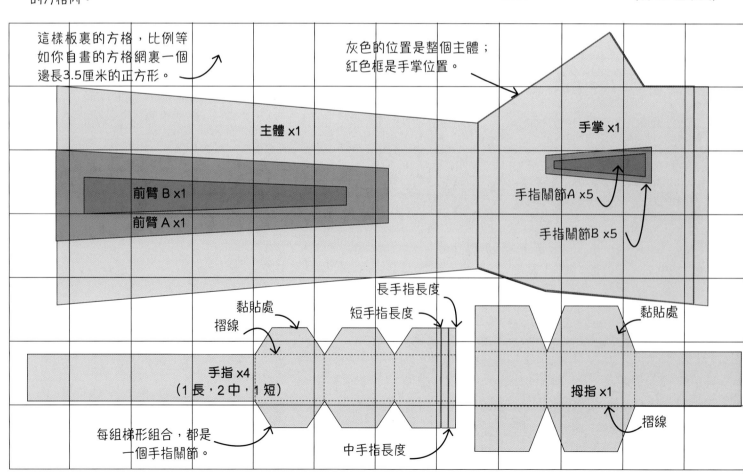

這樣板裏的方格，比例等如你自畫的方格網裏一個邊長3.5厘米的正方形。

灰色的位置是整個主體；
紅色框是手掌位置。

主體 x1

手掌 x1

前臂 B x1

前臂 A x1

手指關節A x5

手指關節B x5

長手指長度
黏貼處
短手指長度
摺線
黏貼處

手指 x4
（1 長，2 中，1 短）

拇指 x1

每組梯形組合，都是一個手指關節。

中手指長度

摺線

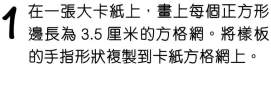

方格網每一格
都對應樣板上
每一格。

逐格將圖形
複製過去。

1 在一張大卡紙上，畫上每個正方形邊長為 3.5 厘米的方格網。將樣板的手指形狀複製到卡紙方格網上。

2 複製了四個手指形狀到卡紙上後，將圖形剪下來。將四張卡紙的其中一面塗上黑色，等它風乾。

3 將飲管剪成 16 條 2 厘米長的小管。將小管貼在每隻指節上。白膠漿乾透後，將一條繩子穿過所有飲管。

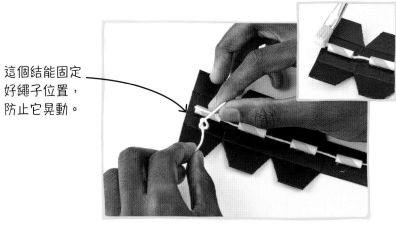

這個結能固定
好繩子位置，
防止它晃動。

4 在指尖那端的繩子上打結，把繩結黏在飲管的末端。

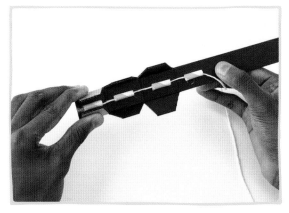

5 查看樣板對應的摺線位置，然後在卡紙同樣位置上壓出摺痕。

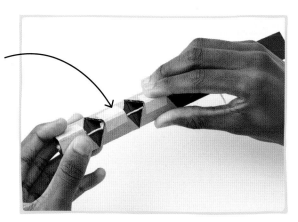

用皺紋膠紙
的優點是能
在上面塗顏
色。

6 這就是手指關節。各貼上一小片皺紋膠紙，把兩塊紙片固定好。

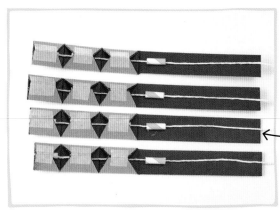

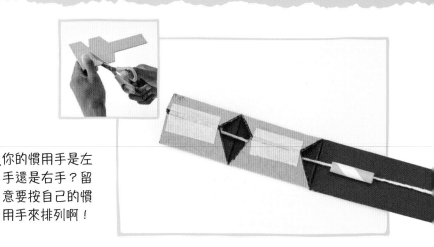

你的慣用手是左手還是右手？留意要按自己的慣用手來排列啊！

7 將四隻手指按你真實的手指長短由上至下排列：中、長、中、短。

8 重複步驟 1 至 6 來製作拇指，飲管長度每根是 2.5 厘米。

用方格網，你就可以按比例將圖形複製和放大。

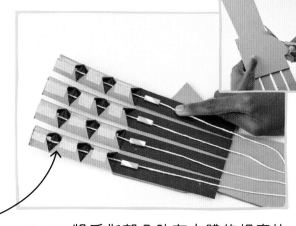

將手指排列在主體上。

9 再次用方格網將主體部分從樣板複製到卡紙上。剪下它並複製多一塊主體，然後將兩塊主體貼在一起。

10 將手指部分貼在主體的相應位置上，剪掉在手腕位置凸出來的卡紙。

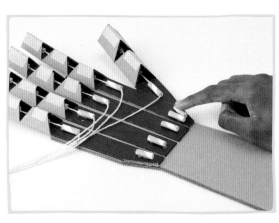

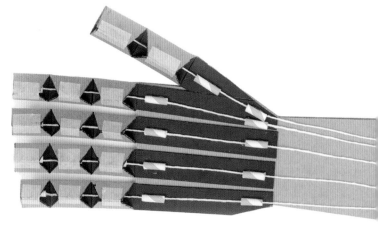

11 將拇指也貼在相應位置，剪下五根 2 厘米長的短飲管，貼在近手腕的位置。

12 白膠漿乾透後，將繩子沒打結的一端穿過手腕附近的飲管，輕輕拉緊繩子。

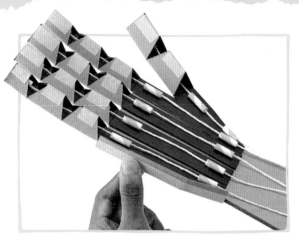

國際太空站上的主機械手臂，可以伸展至17.6米遠。

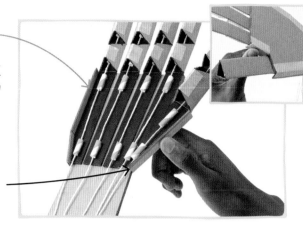

將裁走的紙條留下，用來貼在拇指和食指之間。

13 剪兩條長 14 厘米、闊 1 厘米的硬卡紙紙條。將其中一條貼在手掌邊緣，把多餘的卡紙裁走。

14 將另一條紙條貼在主體的另一邊，然後將多出的部分剪下來，貼在拇指和食指之間。

手掌外形會蓋着繩子和飲管。

15 再次用方格網製作手掌樣板。將手掌外形放在繩子和飲管上，用皺紋膠紙把它固定好。

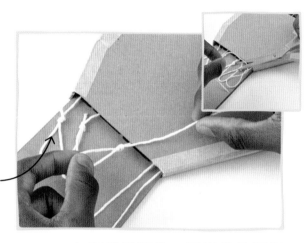

確保每個圈的大小足夠可以放進你的手指。

16 在距離手腕約 2 厘米的位置把每條繩子打結，剪走多餘的繩頭。

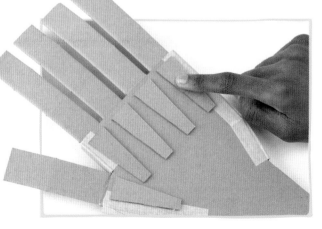

17 用方格網畫五個手指關節 A，然後剪出來，貼在主體背面。

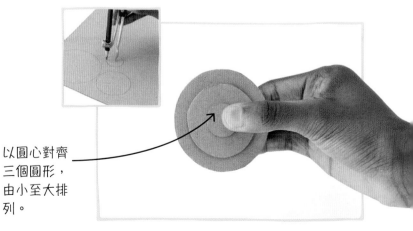

以圓心對齊三個圓形，由小至大排列。

18 在硬卡紙畫上和剪下三個圓形，它們的半徑分別為：3.5 厘米、2.5 厘米和 1 厘米。將三個圓形疊在一起黏貼，等白膠漿乾透。

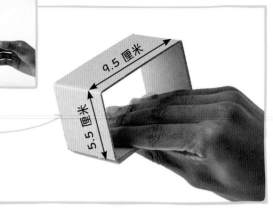

長方體是指擁有六個長方形面的立體（即使它中空，有兩面不是實心，仍是一個長方體）。

19 將這疊圓形貼在機械臂的手背上。製作腕帶：用硬卡紙剪一個長 8 厘米、闊 3 厘米的長方形，貼在手腕上等它乾透。

20 在硬卡紙上剪下兩條紙條：一條長 32.5 厘米、闊 4 厘米，另一條長 39.5 厘米、闊 5 厘米。將較大的紙條摺成長 9.5 厘米、闊 5.5 厘米的長方體。

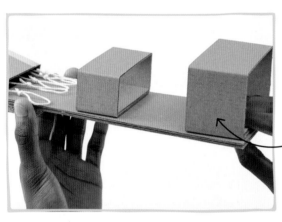

先將前臂B貼在前臂A的中間位置。

這兩個長方體是你的臂帶。

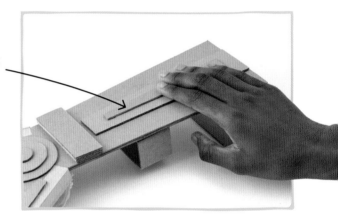

21 將較小的紙條摺成長 8.5 厘米、闊 3.5 厘米的中空長方體。將兩個長方體貼在主體的內側。

22 從樣板複製前臂 A 和前臂 B 的形狀，把前臂 B 貼在前臂 A 上，然後將前臂 A 貼在主體的背面。

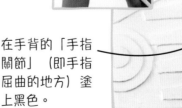

在手背的「手指關節」（即手指屈曲的地方）塗上黑色。

23 將手指、手掌和主體的背部塗上白色，待乾透。如有需要，可塗兩層顏料加深顏色。

24 將主體的內側，包括臂帶，還有手指關節位置塗上黑色。

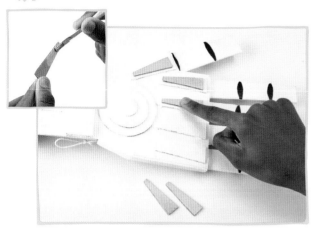

25 在硬卡紙剪下五個手指關節 B，塗上金色。待顏料乾透後，如上圖所示，把它們貼在手指關節 A 上。

26 把三個圓形的中間層和前臂 A 塗上銀色。乾透後，將頂部的圓形和前臂 B 塗上金色，待乾透。

太空中的機械臂連接着太空船控制器。

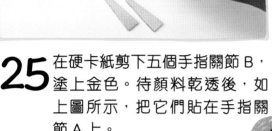

此頁建議塗上與太空人頭盔配合的顏色（見第84頁），你也可以自定其他顏色。

未來的機械臂更可以傳送「觸感」數據，通知操作它們的太空人。

27 在硬卡紙上剪一個闊 1.5 厘米、長 8 厘米的長方形，塗上金色，乾透後，將它貼在腕帶上，等它風乾。

將拇指和食指的繩圈都套在食指上。

國際太空站上的「加拿大臂」（Canadarm）能夠提起相當於八輛巴士重的物體。

28 試試機械臂能否活動。將手穿過臂帶，然後將手指套在繩圈中。你活動手指時，機械臂的手指也會動。

有些機械臂會以其他工具代替手指來執行不同任務。

活動你的手指時，機械臂的手指也會一起活動。

實驗任務
登陸艇

　　我們對太陽系的認識，大部分來自到過地球以外的其他星球和月球的探測器和探測車。怎樣才可以讓這些工具安全地降落在另一個星球？怎樣確保它能直立登陸，以及不受衝擊和遭到損毀？請試試製作這幾種登陸艇，然後進行實驗，看看哪一種效果最好吧！

在登陸艇上放置一個乒乓球來代表太空人，用以測試降落時的衝擊力。

登陸愉快！
若太空船登陸時能保持直立，沒有因衝擊力而遭損毀，就是成功登陸。擴大登陸區域（例如展開太空船的腳架），以及使用一些具彈性的物料來吸收衝擊力，都有助成功登陸。

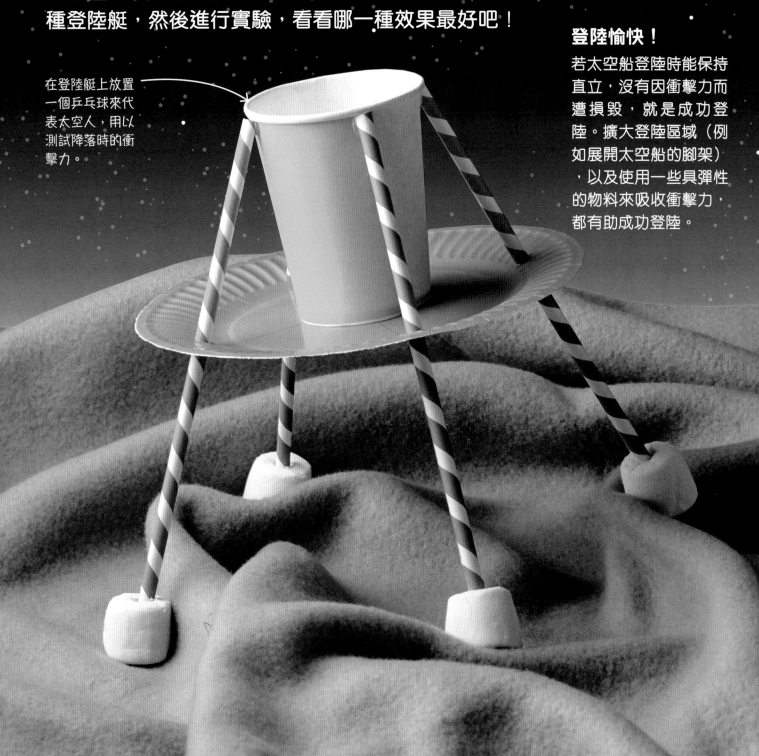

每個登陸艇都是用紙杯、紙碟所造，但會用上不同的避震器。

登陸的速度如果突然轉變，很容易造成衝擊，令太空船受損。

用一張起皺的毛毯來模擬不平坦的月球表面，作為對你的登陸艇穩定性的延伸測試。

透過實驗來驗證不同「腳架」的穩定程度。

製作你專屬的
月球登陸艇

我們為每個登陸艇都選了不同顏色，但你可以按自己搜集回來的物資來安排。關鍵是不同腳架的設計跟穩定性之間的關係，以及不同避震器面對降落時的影響和衝擊。

需時
90 分鐘

難易度
容易

實驗工具：

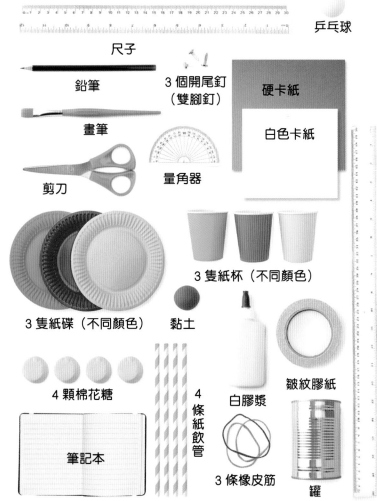

尺子

乒乓球

鉛筆

3 個開尾釘
（雙腳釘）

硬卡紙

白色卡紙

畫筆

量角器

剪刀

3 隻紙杯（不同顏色）

3 隻紙碟（不同顏色）

黏土

長直尺

4 顆棉花糖

4 條紙飲管

白膠漿

皺紋膠紙

筆記本

3 條橡皮筋

罐

製作黃色登陸艇

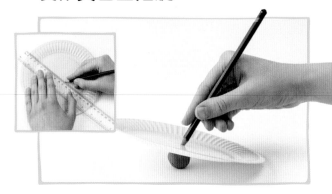

1 量度紙碟最闊處，找出紙碟的中心。用鉛筆在碟中心戳一個洞，戳洞時，在碟下放黏土以策安全。

2 接着，量度紙杯底最闊處來找出中心點，用鉛筆在中心戳洞。

3 將開尾釘的尖端推入紙杯底。

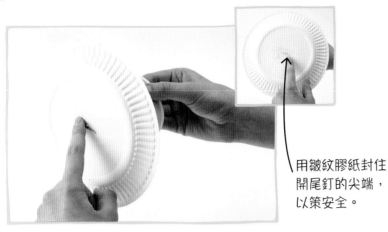

用皺紋膠紙封住
開尾釘的尖端，
以策安全。

4 把開尾釘也推進紙碟，將尾部打開並
壓平，用皺紋膠紙蓋好。

5 製作登陸器的「腳」：先在白色卡
紙上畫四個闊 8 厘米、長 13.5 厘米
的長方形。然後剪下來。

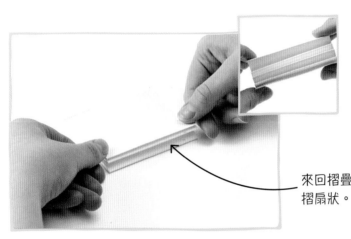

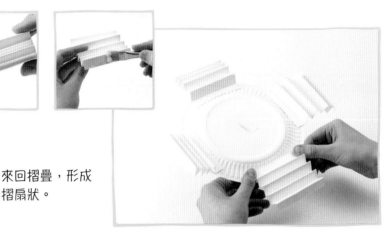

來回摺疊，形成
摺扇狀。

6 在長方形紙條的短邊開始來回摺
疊，每條邊闊約 1.5 厘米。其餘三
條長方形紙條也以同樣做法處理。

7 在每隻「腿」的尾端塗上白膠漿，
貼在紙碟底，四隻「腳」在圓周上
平均分四部分。

摺扇狀的腳就像彈簧，
能吸收着陸的衝擊。

8 在登陸艇下再放一隻紙碟，紙碟面
朝下。將「腳」的另一端也塗上白
膠漿，貼在第二隻紙碟的背部。

9 另外三隻「腳」也以同樣做法
處理，貼在碟上。

製作藍色登陸艇

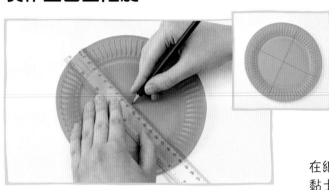
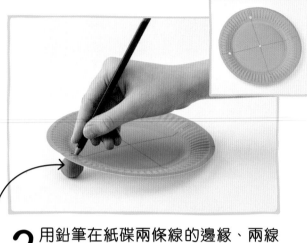

1 在紙碟上畫一條穿過中心的線,用量角器量度角度後,多畫一條與直線呈 90 度角並穿過中心的橫線。

在紙碟下放好黏土才戳洞,以策安全。

2 用鉛筆在紙碟兩條線的邊緣、兩線交匯的中心點戳五個洞。(如右上圖所示)

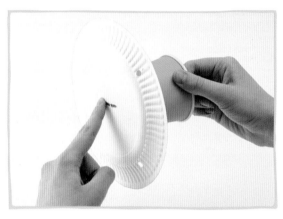
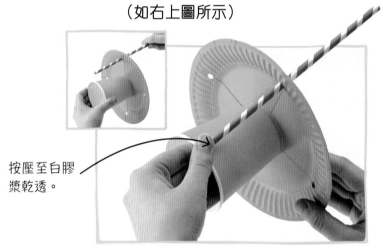

3 在紙杯底的中心戳一個洞。用開尾釘穿過杯底和紙碟中間的洞,把釘尾壓平,用皺紋膠紙蓋好。

按壓至白膠漿乾透。

4 將四條飲管分別穿過紙碟邊緣四個洞,然後將飲管頂部黏貼在紙杯杯緣下。

5 將棉花糖輕輕插在飲管末端,登陸器的腳就完成了。

6 調整棉花糖的位置,確保登陸器能平穩站立。

棉花糖像海綿般擁有彈性,有助吸收着陸時帶來的衝擊。

製作紅色登陸艇

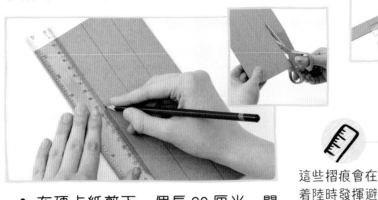

這些摺痕會在
着陸時發揮避
震的作用。

1 在硬卡紙剪下一個長 23 厘米、闊 12 厘米的長方形。然後將它分為四條 3 厘米闊的紙條,將紙條剪出來。

2 在每條紙條的 2.5 厘米、10.5 厘米和 20.5 厘米處畫線,然後沿線壓出摺痕。

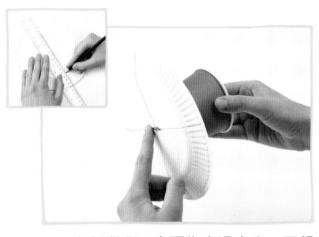

留意紙條最短
的摺痕應該最
接近紙碟。

3 在紙碟背面畫兩條穿過中心、互相呈 90 度角的線(使用量角器去量度)。將紙杯和紙碟用開尾釘連接,並在開尾釘的尖端貼上皺紋膠紙。

4 將紙條較短的一半的 2.5 厘米位置貼在紙碟背部的邊緣。按壓至白膠漿乾透。另外三條的做法相同。

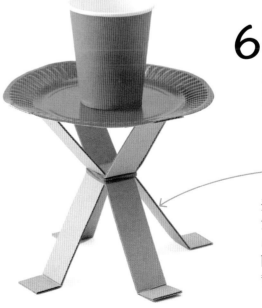

6 張開橡皮筋下的紙條,讓它靠末端的摺痕來站立。

登陸艇通常有數
隻腳,以便在凹
凸不平的表面着
陸時,將重量分
散在數隻腳上。

5 小心地將橡皮筋穿過四條紙條的底部,然後固定在紙條的 10.5 厘米摺痕位置。

做實驗

高度	黃色登陸艇	藍色登陸艇	紅色登陸艇
30厘米			
40厘米			
50厘米			
60厘米			

1 在筆記本畫上表格來填寫實驗結果。在每一欄填上不同的登陸艇，並在每一列寫上降落的不同高度。

登陸艇種類很多，從精巧的機械人探測車，到載有太空人的月球着陸器都包括在內。

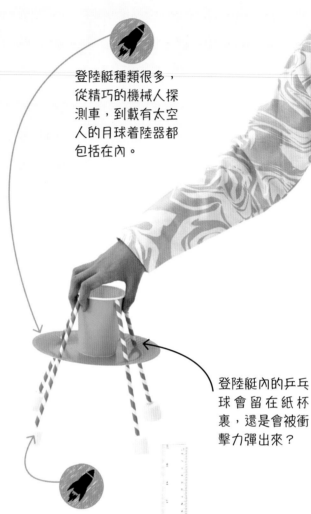

登陸艇內的乒乓球會留在紙杯裏，還是會被衝擊力彈出來？

避震器能減少對登陸艇上脆弱部分的衝擊，如電子儀器或人類的搭乘員。

用長直尺可確保不同登陸艇從相同高度下墜，令實驗結果更準確。

2 將乒乓球「太空人」放進你第一個測試登陸艇中。

哪一個登陸艇的避震功能最好呢？

登陸器着陸時能否保持直立？還是會傾倒？

3 用兩條橡皮筋將長直尺固定在金屬罐外側。按表格上的不同高度，輪流讓登陸艇下墜，將觀察所得記錄下來。

1. 火星的氣壓會產生空氣阻力，減慢返回艙裏登陸器的速度。

2. 降落傘打開，將返回艙的速度再減慢。

3. 登陸器從返回艙裏彈出來，並以纜繩連接在返回艙下方。

4. 接近地面時，返回艙上的火箭會啟動，減慢登陸器的下墜速度。氣袋亦會在登陸器外圍展開。

5. 在正式登陸前，纜繩會放開登陸器，而被氣袋包圍的登陸艇會彈到地面。

6. 當登陸器停定了，氣袋會按次序放氣，使登陸器直立，探測車就會從登陸器中出現。

太空科學
登陸的挑戰

每次登陸都有條件上的差別：重力、氣壓、溫度和地面的變化，都會為登陸到其他星球的太空船帶來挑戰。這個火星的登陸次序顯示了降落傘、氣袋和火箭怎樣發揮作用，接連運用它們就可以令登陸器和返回艙裏的探測車安全降落，不會被撞毀。

進階實驗

當你完成了實驗，測試過幾款登陸艇的避震成效，和能否直立登陸後，你可以再測試不同變因對實驗結果的影響，例如：

- 改用一個比乒乓球重的球；
- 將登陸艇放在凹凸不平的表面，測試它們能否直立；
- 製作三隻腳或五隻腳的登陸艇，看看如何影響它們保持直立的能力。

別忘記在筆記本上記錄你對每個變因的觀察啊。

尋星之旅

　　你希望能學會觀察夜空嗎？本章節將會引導你建立天文知識，你將會學到如何辨認月球的特徵，以及無論身處地球何方都能尋找和認出星座。只要跟隨我們提供的有用資料來準備和計劃，你就能觀察到滿天星星、太空站、行星、流星雨，甚至可能發現彗星！透過本章節的簡介，你很快就能夠解開宇宙的秘密。

探索夜空
如何觀星？

你希望讀懂夜空嗎？在你踏上自己的探索宇宙旅程時，不妨參考這裏的幾個簡單步驟。準備好這些工具，便可以安全和舒適地觀星。

觀看星星

當你的眼睛適應夜晚的黑暗後，你大概能在漆黑的夜空中看到約3,000顆恆星。若你有望遠鏡或天文望遠鏡，則可以看到更多夜空的細節。

準備好 尋星之旅

觀星最重要的工具是保暖衣物，因為你將會長時間站立或坐着。其他額外的物品包括：防水墊，讓你在地面濕滑時坐好或放置工具；望遠鏡；紅光電筒（見右圖）；筆、筆記本和時鐘，以便記錄觀察時間和觀察所得；指南針，以及跟觀星相關的書籍、圖表或觀星應用程式，有助了解夜空。

實驗工具：

保暖衣物

防水墊
（如適用）

望遠鏡
（如適用）

筆
（如適用）

筆記本
（如適用）

時鐘或手錶
（如適用）

電筒
（發出紅光為佳）

星座盤（星圖）或
天文學書籍
（如適用）

指南針
（如適用）

有觀星應用程式的
智能電話或平板電腦
（如適用）

安全至上

千萬不要獨自一人到戶外觀星，一定要有大人同行。如果覺得冷，就要回到室內，千萬不要待到着涼才離開。

製作紅光電筒

紅光不會干擾你在晚間的視線，所以發出紅光的電筒對於觀星很有用。只需要用紅色玻璃紙包着電筒，並用橡皮筋固定，紅光電筒就完成了。

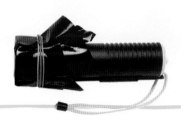

觀星小提示

- **光害**：盡量遠離有人工照明的地方，在較空曠的地方能看見更清晰的夜空。

- **天氣**：記得到天文台查看天氣預報，看看晚上是否天朗氣清，是否有雲朵阻礙觀星。而無雲的晚上可能會有點涼意，所以要記得多穿衣服。

- **月球**：因為月球太亮了，所以請避免在滿月或將要滿月時觀星。在新月出現的日子觀星，會較適合。

- **視覺適應**：晚上在戶外，要讓眼睛用約20分鐘來適應漆黑的環境，這樣你就能看得見天上較暗淡的星。當眼睛適應環境後，可以打開紅光電筒來維持眼睛夜視的能力。

- **望遠鏡**：使用望遠鏡或天文望遠鏡，就可以看到恆星的細節。拿望遠鏡的手要夠穩定，又或者將望遠鏡放在固定的平面上。

你看到什麼？
一片夜空

你在夜空中能看見最多的就是恆星——它們像太陽一樣，是燃燒中的氣體星球，但距離我們更遠。每顆恆星的大小、光度、顏色和距離都不同，但天文學家慣常會把恆星想像為座落在一個包圍地球的廣闊天球上。

銀河系

你抬頭能看到的所有恆星都位於我們所身處的銀河系（見第60至61頁）。從外面看來，銀河系像一個中央位置塞滿了星星的扁平螺旋。但因為我們置身於螺旋之中，所以會看見一條橫跨天空的光帶，中間的位置最為光亮。這道銀白色的光帶，就是「銀河」名字的由來。

星星的移動

隨着地球轉動，天空每晚都在變化，我們也會看到不同的星座。每晚的恆星看似向西移動。指南針、星圖或觀星應用程式都能幫助你尋找相應的星座或行星。

太空科學

天球

天文學家為了將天上千千萬萬的星體和星系記錄下來，他們會想像這些恆星是固定在一個巨大和空心的自轉球上，而地球在這個自轉球裏面轉動。這個「天球」的自轉軸跟貫穿地球南北極的自轉軸一樣。天文學家將天空分為88個獨立區域，稱為星座，它們像拼圖般拼合在一起，覆蓋整個天球（見第148至149頁）。

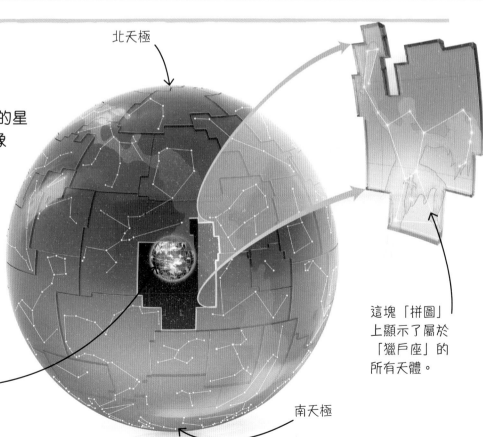

北天極

這塊「拼圖」上顯示了屬於「獵戶座」的所有天體。

你在地球的位置決定了你能看到天球的哪個部分。

南天極

星之圖案
星座

天文學家使用星座作為一種幫助他們尋找星星和其他天體的方式。星座是虛構的區域，它們拼合在一起組成了整個天球（見第147頁）。為了在夜空中辨識方向，並知道在何時往哪裏找天空中的物體，學習如何找到星座中的星星特徵和形狀是很重要的，例如獵戶座的三顆星星組成了獵戶腰帶。

天空中的獵戶座

獵戶座是著名的星座之一，它位於天球赤道（北天極與南天極的中間位置），因此身處地球北半球和南半球都很容易看得見它。

參宿四位於獵戶的右肩，它的直徑比太陽的還要大幾百倍。

獵戶腰帶的三顆星（由東至西）分別為：參宿一、參宿二和參宿三。參宿二與地球的距離比參宿一和參宿三都要遠得多。

參宿七位於獵戶座的左腳跟，是獵戶座中最明亮的星。它的亮度是太陽的數萬倍。

繪製夜空圖

正如以下獵戶座的例子所示，古代的觀星者將夜空中看見的恆星圖案想像為生物、物體或神明。後來的天文學家將這些意念發展成為今日的天球概念。

1 以前人們以星星想像出各種形狀，並根據這些形狀來給它們以人物和物體來命名。

2 他們稱這些巨大的圖案為星座，有些較小的圖案則稱為星羣。

3 在 1928 年，星座的定義重新被界定，它們不僅包括星星，還包括了整個區域內的所有太空物體。

太空科學

恆星的距離

我們觀看獵戶座時，不同的恆星看似並列在天球上，但事實上每顆星跟地球的距離都不相同。

獵戶座恆星
- 參宿四：500光年
- 參宿五：250光年
- 參宿七：860光年
- 參宿一：1,250光年
- 參宿三：1,200光年

每顆星在太空中的相對位置

天球上展示獵戶座的部分區域

地球

星光抵達地球所需的時間（以年為單位）

0　100　200　300　400　500　600　700　800　900　1,000　1,100　1,200　1,300

睜大雙眼……
上面還有什麼？

遙遠的星體年復年、日復日看起來都好像一樣，但其實許多較接近地球的物體會以不同速度在天空中移動。這些物體包括國際太空站（見第110至119頁）、行星、流星，甚至彗星。你在觀星時，可以一併留意一下它們。

彗星

彗星是由冰和塵組成的巨大球體；當彗星接近太陽，表面的冰就會蒸發，形成一條由氣體和塵所組成的軌跡，看上去就像一條發光的尾巴。許多較光亮的彗星圍繞太陽一周需要好幾個世紀甚至更長的時間，但天文學家會很留意它們的動態，你也可以透過報章、新聞、天文網頁或應用程式來了解什麼時候會有光亮的彗星接近地球，以及怎樣可以看到它。

流星

大部分晚上，你都可以看得到流星。當太空中一些微小的石頭和塵粒高速跌進地球的大氣層，就會以高溫燃燒，形成流星。某些時候，當地球穿過彗星留下的一些塵堆時，就會出現像下雨一樣的流星，看起來似乎來自特定的星座。下面的圖表列出了你可以觀察到這種流星現象的時間和位置。

年度流星雨		
名稱	高峯期	星座來源
象限儀座流星雨	1月3至4日	牧夫座
天琴座流星雨	4月22至23日	天琴座
寶瓶座η*流星雨	5月6日	寶瓶座
寶瓶座δ*南流星雨	7月31日	寶瓶座
英仙座流星雨	8月12至13日	英仙座
獵戶座流星雨	10月21至22日	獵戶座
獅子座流星雨	11月17至18日	獅子座
雙子座流星雨	12月14至15日	雙子座

η*（η讀音：Eta）　　δ*（δ讀音：Delta）

行星

晚上，你能夠以肉眼就看得見某些行星。它們跟恆星不一樣，不會閃爍晃動，因為行星更為接近地球，所以亮度穩定，且較光亮。有些行星是特別容易察覺的，例如金星。金星是月球以外，夜空中最光的星體；火星則名列第三，看上去還有點紅（右圖顯示月食時，靠近月球的火星影像）。有些行星如金星和水星，在日出後，或日落前最容易看得見。如果想看到太陽系中跟地球距離最遠的天王星和海王星，則需要用天文望遠鏡。

月面奇觀
月球

　　月球是我們最近的鄰居。我們即使只用肉眼也能看到它表面的光暗面。多觀察滿月以外的月相，因為光線從月球旁邊照射而產生的陰影有很多細節。

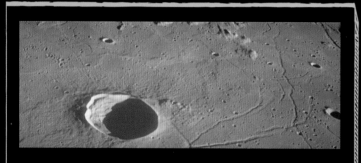

月球隕石坑

月球表面的隕石坑大部分都是早期受到太空隕石撞擊而成。後來，火山的熔岩進入了最深的坑洞，成為月海。

繪製月球圖

在月球表面，你會看到一些較暗的地區，這是月海；有些較亮的地域，稱為高地。如果你有望遠鏡或天文望遠鏡，你就會看到月球上坑洞和山的形狀。

月球高地是月球最原本的地殼。

這是月球9號登陸的地方，它是第一個實現軟着陸的月球探測器，由前蘇聯於1966年發射上月球。

太空科學
什麼是月食？

滿月的時候，我們會看到整個月球表面受太陽光照射。然而，有時候太陽、地球和月球剛好排列成一直線，月球經過地球的陰影位置時，就會產生月食的現象。月食中的滿月會有幾個小時變得黑暗，有時則會呈紅色。

地球阻擋了太陽的光線，於是陽光照射不到月球。

地球的陰影落在月球上。

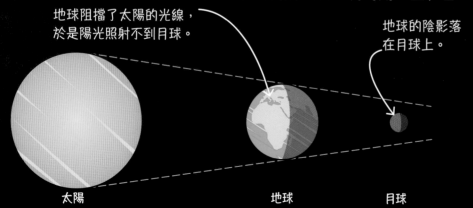

太陽　　　　　地球　　　　月球

靜海是一個巨大的月海，在35億年前被熔岩淹沒。

危海是一個既小又獨特的圓形月海。

1969年，美國阿波羅十一號在這裏登陸，這是人類首次登上月球。

月海是由一種稱為玄武岩的深色火山岩所組成。

地球北方的夜空
北半球

　　天文學家將天球分成了兩個半球體，每個半球體都以天極（天上的南北兩個固定點，隨着地球自轉，不會移動）為中心。位於北半球的觀星者，可以在不同時分看到天球北半球的所有星體，也能看到很多來自南半球的星體（見第156至157頁）。

天球北半球

大部分北半球的星座都是由古代中東和古希臘的天文學家所命名的。

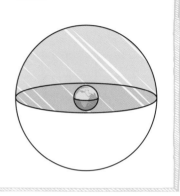

尋找北天極

要尋找北天極，可以按以下步驟先找出一顆明亮的星——北極星，它就座落於北天極。

1 用指南針先找出北方。北天極就在地球的北極位置以上，所以北極星總是在天空的北方。

2 找出「北斗七星」的位置。將北斗七星最東面的兩顆星，以一條虛擬的線連起它們。

3 將這條線在天空中延伸約五倍長到北方。在虛擬線的盡頭，你所看到最明亮的星就是北極星。

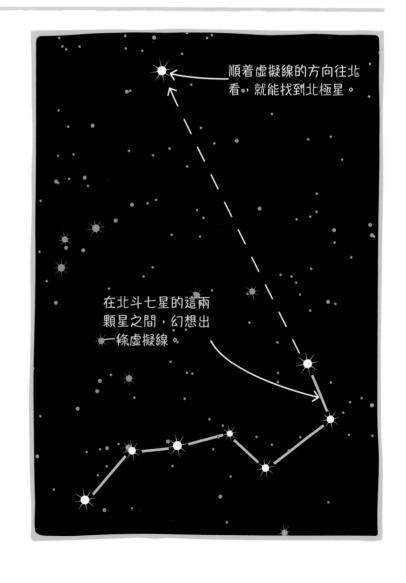

順着虛擬線的方向往北看，就能找到北極星。

在北斗七星的這兩顆星之間，幻想出一條虛擬線。

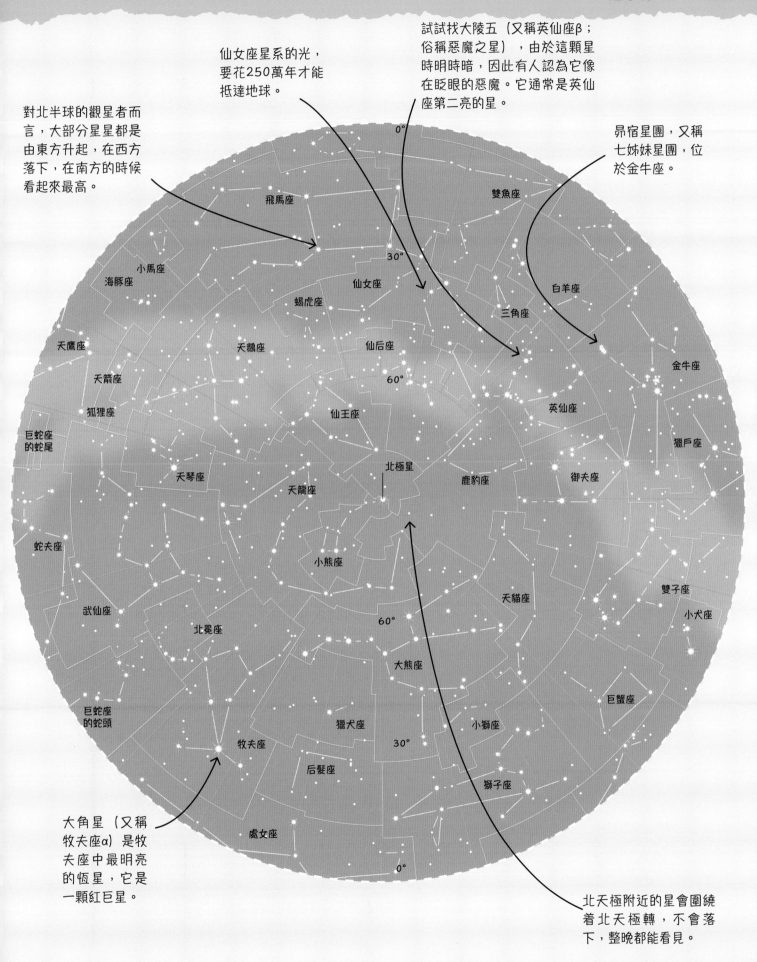

仙女座星系的光，要花250萬年才能抵達地球。

試試找大陵五（又稱英仙座β；俗稱惡魔之星），由於這顆星時明時暗，因此有人認為它像在眨眼的惡魔。它通常是英仙座第二亮的星。

昴宿星團，又稱七姊妹星團，位於金牛座。

對北半球的觀星者而言，大部分星星都是由東方升起，在西方落下，在南方的時候看起來最高。

大角星（又稱牧夫座α）是牧夫座中最明亮的恆星，它是一顆紅巨星。

北天極附近的星會圍繞着北天極轉，不會落下，整晚都能看見。

飛馬座
小馬座
海豚座
蝎虎座
仙女座
雙魚座
白羊座
三角座
金牛座
天鷹座
天鵝座
仙后座
英仙座
天箭座
狐狸座
獵戶座
巨蛇座的蛇尾
仙王座
60°
御夫座
鹿豹座
天琴座
北極星
天龍座
蛇夫座
小熊座
天貓座
雙子座
小犬座
武仙座
60°
北冕座
大熊座
巨蟹座
巨蛇座的蛇頭
獵犬座
小獅座
牧夫座
30°
后髮座
獅子座
處女座
0°
0°
30°

地球南方的夜空
南半球

天球的南半球圍繞南天極轉動。天空中沒有特別明亮的星來指示南天極的位置，不過南半球也有不少有趣的事物。位於南半球的觀星者，可以在不同時候觀測到天球南半球的所有星星，也能看到許多來自天球北半球的星（見第154至155頁）。

天球南半球

大部分南半球的星座都是由15至18世紀的歐洲天文學家所命名的。

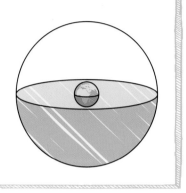

尋找南天極

天空中沒有一顆特別明亮的星來標示南天極的位置，但透過其他明亮的星和一些虛擬的線，你也能找到它。

1 首先，用指南針找出南方。南天極位於地球南極位置的上方。

2 找出南十字座，它由四顆明亮的星組成，形成十字狀。然後你可想像從十字的直線向南延伸。

3 在南十字座左邊可以找到位於半人馬座的指示星。在兩顆星之間，想像出一條虛擬橫線，然後在這條橫線中央垂直畫一條線。

4 將這條線延伸至能與南十字座的線相會，它們相會之處就是南天極。

在兩顆指示星間，想像出一條線。

想像南十字座的直線向南延伸。

兩線在南天極相遇。

南天極附近的星會
圍繞着南天極轉
圈，不會落下，整
晚都能看見。

對南半球的觀星者而言，
大部分的星都是由東方升
起，在西方落下，在北方
的時候看起來最高。

獵戶座星雲是明亮的
氣體雲，新恆星會在
那裏形成和冒起。

我們星系的中央位於
射手座，這裏的銀河
系星雲是最光亮的。

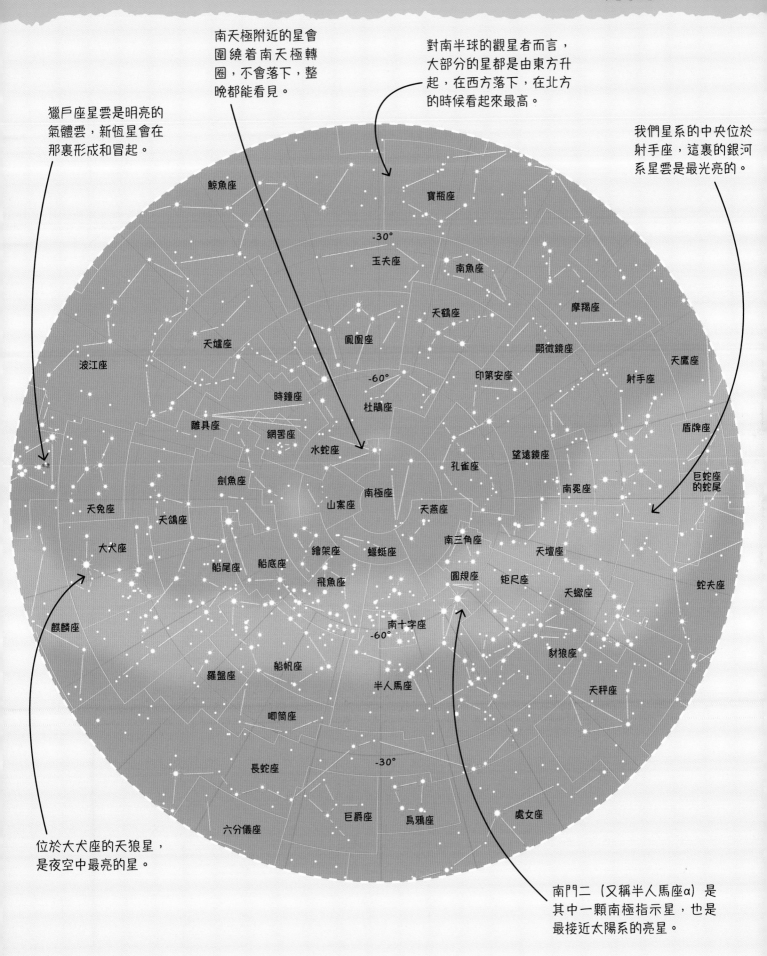

位於大犬座的天狼星，
是夜空中最亮的星。

南門二（又稱半人馬座α）是
其中一顆南極指示星，也是
最接近太陽系的亮星。

詞彙表

acceleration 加速度
一個物體的速度變化。

air resistance 空氣阻力
當物體在空氣中移動時，令速度減慢的阻力。

antenna 天線
棒狀或盤狀的裝置，能傳送和接收無線電信號。

asterism 星羣
組成特別形狀的一羣星，有助辨認天空方向。

asteroid 小行星
圍繞太陽軌道運行的一個細小、形狀粗糙的石頭或金屬。

asteroid belt 小行星帶
太陽系裏的一個圓環區域，位於火星和木星的軌道之間，大部分小行星都在此。

astronaut 太空人
接受過訓練、可以太空中移動和生活的人，又稱宇航員。

astronomy 天文學
研究太空和天體的科學。

atmosphere 大氣層
圍繞着行星的一層氣體。

booster 助推器
一個繫於火箭上的小火箭，在發射時能提供額外的能量。

celestial 天空的
跟天空或外太空有關的。在地球大氣層以外的物體，也可以稱為天體（celestial boby）。

celestial sphere 天球
天文學家用以測量天空的位置，一個假想出來圍繞地球的球體。

comet 彗星
主要由冰和塵組成的天體。當彗星接近太陽時，它表面的冰就會融化和蒸發，形成一個發光的頭部和尾巴。

constellation 星座
天球88個分區之一，88個星座像拼圖般組成整個夜空。

core 地核
一個行星或恆星熾熱的核心部分。

cosmonaut 俄羅斯太空人
俄羅斯對太空人的稱呼。

crater 隕石坑
位於星球、月球、小行星或彗星表面的碗型凹洞，由一些天體撞擊表面而形成。

crust 地殼
星球或月球的固態薄外層。

density 密度
在某空間裏的物質數量。密度較高的物體，比起同樣大小但密度較低的物體，質量更大。

dock 對接口
太空船跟其他太空船或太空站連接的地方。

eclipse 日食/月食
當一個物體經過了另一個物體的陰影或暫時被阻擋，這就是日食或月食。日食是指月球的陰影落在地球上；月食是指地球的陰影落在月球上。

equator 赤道
圍繞星球中間的一條假想線，位於兩極中央。

galaxy 星系
由重力集合在一起的恆星、氣體和塵。

gravity 重力
一種將物質吸引到較重物體（如行星和恆星）的力量。在地球上，重力將物體拉向地面。在太空中，重力會令衛星圍繞行星運行，令行星圍繞恆星運行。

hemisphere 半球
半個球體。地球以赤道為界，分為北半球和南半球。

latitude 緯度
赤道以南或以北的位置；赤道是0°，北極是+90°，南極是-90°。

launch vehicle 發射載具
一個由火箭推動的載具，將物體（例如太空船或人造衛星）運送到太空。

light year 光年
地球的一年裏，光所能走的距離。

lunar 月球的
關於月球的東西。

mantle 地幔
位於行星或衛星的地核與地殼之間的厚岩石層。

mass 質量
一件物體內所含物質量的量度單位。重力會將有質量的物體拉向對方，使它們產生一種稱為重力的力。

matter 物質
任何佔用空間且有質量的東西。物質有幾種不同形態，包括固態、液態和氣態。

meteor 流星
當流星體進入地球的大氣層，會產生閃耀的光，也會加熱燃燒，成為流星。

meteorite 隕石
墜落到行星或衛星表面的流星體。

meteor shower 流星雨
來自天空同一位置或區域的一系列流星。

milky way 銀河系
是一個棒旋星系，太陽系亦屬於銀河成員。從地球看上去，銀河系在夜空中就像一條淡光帶。

module 艙
太空船上有特別用途的一個部分。

moon 衛星
由岩石或冰和岩石組成的物體，圍繞着行星或小行星軌道運行。若英文的「Moon」以大楷M表示，則代表圍繞地球的月球。

nebula 星雲
太空裏由氣體和塵所形成的雲，恆星也是在這裏誕生的。

orbit 軌道
一個物體受其他物體的重力影響，而圍繞着它運行的路徑。

particle 粒子
極小的物質部分。

phase 月相
從地球看上去，月球被太陽光照射到而變得光亮的部分。

photosphere 光球
太陽的能見表面。

planet 行星
圍繞恆星運行的大型球體。

poles 極
一個太空物體自轉時的頂點與底點。

pressurized 加壓
一個密封、有空氣的容器，讓人類可以在太空裏呼吸。

probe 探測器
沒有載人的太空船，會探視太空裏的物體，將資訊傳回地球。

propellant 推進劑
與另一化學物燃燒而產生熱氣體的化學物，為火箭提供推力。

radiation 輻射
帶有能量的射線，當中包括光線和許多我們看不見的射線。

rover 探測車
在行星或衛星表面行走的交通工具。

satellite 衛星
自然或人造的物體，它們會圍繞着另一物體轉動。月球是自然的衛星。

solar 太陽的
與太陽有關的事物。

solar flare 太陽耀斑
在太陽大氣層裏的巨大能量爆發。

solar system 太陽系
太陽以及圍繞太陽運行的天體。

spacesuit 太空衣
太空人穿的密封保護衣，令他們能在真空的太空裏活動。

space station 太空站
一個在軌道上運行的大型太空船，太空人可以在那裏住上數星期，甚至數個月，以進行研究。

spacewalk 太空漫步
太空人穿上太空衣離開太空船，以執行維修或裝置器材的任務。

star 恆星
一個巨大的發光氣體星球，它的核心產生能量而發光。

stellar 恆星的
與恆星有關的事物。

sun 太陽
最接近地球的恆星。

sunspots 太陽黑子
在太陽表面看見的黑點。

taikonaut 航天員
中國的太空人，由「太空」的漢語拼音（taikong）及「太空人」的英文（astronaut）合併而成。

telescope 天文望遠鏡
這個儀器能令遙遠而暗淡的物體看起來近一點和光亮一點。

thrust 推力
由引擎發出，將火箭或太空船推動向上的力量。

universe 宇宙
全個太空以及太空裏的一切。

vacuum 真空
沒有任何東西的空間，連空氣也沒有。

visor 面罩
頭盔裏的視窗，讓佩戴者可以看出外面。

中英對照索引

鳴謝

謹向以下人員致謝，感謝他們在本書籌備時提供的協助：

Helen Peters（製作索引）；Jackie Phillips（校對）；Millie Hughes, Principe Bernardo, Elijah Dixon, and Adrianna Morelos（製作模型）；Tanya Mehrotra（額外書套設計）；Simon Mumford（插圖）；Steve Crozier（修圖）.

謹向以下單位致謝，感謝他們允許使用照片：

(Key: a-above; b-below/bottom; c-centre; f-far; l-left; r-right; t-top)

8 Alamy Stock Photo: agefotostock / Oleg Rodionov. 23 Alamy Stock Photo: Susan E. Degginger (b). 24 Alamy Stock Photo: Nadia Yong.

29 Alamy Stock Photo: StockStudio (br). 30-31 Alamy Stock Photo: Valentin Valkov. 37 Dorling Kindersley: Gary Ombler / Whipple Museum of History of Science, Cambridge (br). 38 Alamy Stock Photo: Khanisorn Chalermchan; Zoonar GmbH / Michal Bednarek (b). 42 Dreamstime.com: Karakedi74; Pixelgnome (bc). 43 Dreamstime.com: Stocksolutions (bl). 45 Dreamstime.com: Stocksolutions (tl). 57 Dorling Kindersley: Satellite Imagemap / Planetary Visions (br). 60 ESA: Hubble & NASA (t, bl); Hubble & NASA, P. Cote (br). 61 ESA: Hubble & NASA, J. Lee and the PHANGS-HST Team (tl); NASA and The Hubble Heritage Team (STScI / AURA) (cl); Hubble & NASA / J. Barrington (bl). 64-65 Alamy Stock Photo: Rui Santos. 73 Dorling Kindersley: Jason Harding / NASA (b). 74-75 Alamy Stock Photo: Stocktrek Images, Inc.. 74 123RF.com: leonello calvetti (b). 84-85 Alamy Stock Photo: Buradaki. 85 NASA: (br). 91 ESA: NASA (br). 100-101 Alamy Stock

Photo: dotted zebra. 109 NASA: (cb); Regan Geeseman (crb); Kim Shiflett (br). 110-111 Alamy Stock Photo: Science Photo Library. 119 NASA: (tr, bl, bc); Roscosmos (c); Cory Huston (br). 120 Alamy Stock Photo: James Thew. 125 NASA: (br). 126 NASA: (bc). 136 Dreamstime.com: Stocksolutions (bl). 140 Dreamstime.com: Stocksolutions (bl). 144 Shutterstock.com: vchal. 145 Dreamstime.com: Stocksolutions (cl); Terracestudio (cla). 146 Alamy Stock Photo: Imagebroker / Arco / W. Rolfes (b). 146-147 Getty Images: Tom Grubbe (t). 148 Alamy Stock Photo: Erkki Makkonen (b). 150 Dreamstime.com: Solarseven (b). 151 Alamy Stock Photo: Imaginechina Limited (br); Stocktrek Images, Inc. / Jeff Dai (t). 152 NASA: (cla). 152-153 123RF.com: Boris Stromar / astrobobo

All other images © Dorling Kindersley